특수 에스테틱 교육을 위한

뷰티테라피

정숙희 · 하문선 · 박주아 · 현경화

光文閣
www.kwangmoonkag.co.kr

머리말

생활 수준의 향상과 자연 친화적인 소비 추세에 맞춰 건강에 대한 관심이 높아졌으며 100세 시대가 열리고 한류 열풍에 힘입어 뷰티 관련 산업이 전 세계적으로 급속하게 성장하고 있다.

뷰티 산업에서의 피부 미용분야는 단순히 피부관리뿐만 아니라 건강한 신체를 유지할 수 있는 체형관리와 함께 정신적 건강관리가 동시에 진행될 수 있으며 다양한 뷰티 테라피를 통해 사람의 건강과 아름다움을 유지, 회복, 향상시켜 줄 수 있는 방법으로 활용되고 있다. 21세기 뷰티 산업은 서비스 산업을 주도하고 창의적 인재를 양성하여 전문 인력을 배출시키는 영향력 있는 학문 분야로 발전되었다.

특히 우리나라는 전 세계에서 유일하게 많은 대학에서 뷰티 관련 학과가 개설되고 학사, 석사, 박사과정까지 운영되고 있으며, 우수한 전문 인력들이 배출되어 세계 뷰티 시장의 중심에서 글로벌 리더로서 활동을 넓혀가고 있다.

본 저서는 의학적, 과학적으로 출발된 기초 학문에서 저자의 스승이신 김충문 한의사 선생님의 수 십년 간의 한의학과 아유르베다의 상관 관계에서 다양한 연구에 의한 가르침을 꾸준 공부하여 저자의 15년간의 현장 경험과 20년간의 전공 학문의 배움을 바탕으로 강의와 연구를 통하여 다양한 특수 피부관리 전문 요법들의 특징과 적용 방법을 정리·분석하여 보다 나은 학문적 접근을 통해 현장에서의 활용성에 대한 근거를

BEAUTYTHERAPY

마련한 교재로서 신뢰를 바탕으로 서비스에 만족도를 높일 수 있는 최고의 전문가가 되도록 도움을 주고자 하였다.

이 교재를 통하여 뷰티션(Beautician)들은 과학적인 뷰티 케어를 위해 전문적으로 접근하여 깊이 있는 실무 과정에 대한 프로그램을 확립하고 정착시켜야 할 것이다. 또한, 하나하나의 특수 요법들에 대한 융합과 통합적 사고 능력을 키울 수 있는 근간이 되길 바란다.

우리 뷰티션들은 앞으로 보다 더 깊은 학문을 연구하고 실무 발전을 위해 단합하고 노력하여 뷰티 산업을 통한 국가 경제발전에 이바지할 수 있을 것이라 확신한다.

본 저서 출판을 지원해 주신 광문각 박정태 회장님과 임직원 여러분들의 노고에 깊이 감사드린다.

2016년 2월
저자일동

BEAUTYTHERAPY
목차

제2장 컬러 요법 45

제3장 한방 미용경락 65

제4장   아로마테라피   137

BEAUTYTHERAPY 1

아유르베다

PART 1

아유르베다

요가는 심신의 건강법으로 2~3천 년 전 부터 인도에서 행해져 왔으며, 이미 B.C 1000년 이전의 것으로 보이는 리그베다에서 요가라는 용어가 사용되었다. 요가(Yoga)는 산스크리트어 'yuju유즈'가 그 어근으로, '얽어매다', '결합하다', '붙이다', '멍에 씌우듯 이어 붙이다' 등의 뜻과 '자신의 주의력을 이끌어주어 집중시키며, 그것을 사용하고 응용 한다' 등의 의미를 갖고 있다.

아유르베다에서는 수련을 위해 요가를 실시하여 몸과 마음과 영혼의 조화를 이루고자 하는데 그중 태양예배(수리야나마스카라)는 요가의 기본이며 태양이 뜨는 아침과 태양이 지는 저녁 시간 자신의 몸을 바라보며 마음을 다스리는 요가 동작으로서 수련

의 워밍업 동작이라 할 수 있다. 태양예배는 자신의 건강을 지키고 체형을 유지하는데 적합한 동작이라 할 수 있으며, 특히 뷰티션들은 고객 및 학생들에게 쉽게 가르치면서 함께 할 수 있는 것이 특징이다.

인도에서는 체질별·증상별로 요가 동작이 분류되어 있으며 시행되고 있다.

1. 아유르베다의 정의

1) 아유르베다(Ayurvedic Medicine)의 정의 및 역사

Ayurveda는 많은 학자들에 의해 가장 오래된 치료 과학으로 간주되어 왔다.

Ayurveda는 산스크리트어로, 생명을 의미하는 ayur와 지식을 의미하는 veda라는 2개의 어원에서 나온 단어로 생명의 과학을 의미한다. 이는 고대 베다 언어 문학에 그 뿌리를 가지고 있으며 전체적인 생명, 신체, 마음 및 정신을 모두 포함하는데 수천 년 동안 그 원리가 구전으로 가르쳐져 왔다. 그중 일부는 수천 년 전에 문서로 남겨졌지만 많은 부분이 사라졌다.

Ayurveda는 인간을 전체적으로 생각하는 치료의 한 방법이자 삶의 한 방법이다. 또한, 예방을 강조하고 개개인으로 하여금 적절한 식이요법, 생활습관 및 신체, 정신, 의식의 균형을 재충전할 수 있는 운동을 선택하여 질병을 예방할 수 있도록 도와준다. Ayurveda의 가르침은 건강이 나쁜 원인은 하나에만 있지 않고 인간의 삶 모든 면이 전체적인 건강에 영향을 미친다고 한다. 서구에서 친숙한 자연 치유법인 Home- ophathy 나 Polarity Theraphy도 많은 부분 Ayurveda에 그 근원을 두고 있다.

Ayurveda는 우리의 일상의 삶에 관계에 있어서 조화, 행복, 기쁨, 만족을 가져다주는 통찰의 기술이기도 하다. 즉, Ayurveda는 종합적인 치료 기술이라고 말할 수 있다. Ayurveda에 따르면 인간의 정신적 기질들은 satvic, rajasic 및 tamasic 세 가지로 분류한다. 그리고 생물학적 기질들은 Vata, Pitta 및 Kapha 세 가지로 분류한다.

2. 아유르베다의 역사

Samkhya 학파의 창조 이론

아유르베다의 모든 개념은 상키야 학파의 창조 이론에 기초하고 있다.

상키야(Samkhya)는 두 개의 크리스트어 단어인데 그중 샤트(sat)는 '진리'를 의미하며 키야(khya)는 '앎'을 의미한다.

상키야의 철학과 아유르베다의 가르침과는 밀접한 관계가 있다.

이 철학에서의 우주 창조 과정은 purusha(남성 에너지) prakruti(여성 에너지) → Mahad(각, 대아, 붓디) → Ahamkar(ego) → sattva[마음-意, 5가지 감각(인지) 기관(판차 마하부타(pancha mahabhuta)], [귀, 피부, 눈, 혀, 코 5가지 운동(행위) 기관-손, 발, 발성기, 생식기, 배설기] Rajas, Tamas(청각은 ether의 guna, 촉각은 air의 guna, 시각은 fire의 guna, 미각은 water의 guna, 후각은 earth의 guna)이다.

세 도샤(바타, 피타, 카파) → 7가지 다투(Dartu), 13가지 스로타(Srota), 13가지 아그니(Agni), 107가지 마르마(Marma)는 몸을 이루는 구성요소들이다.

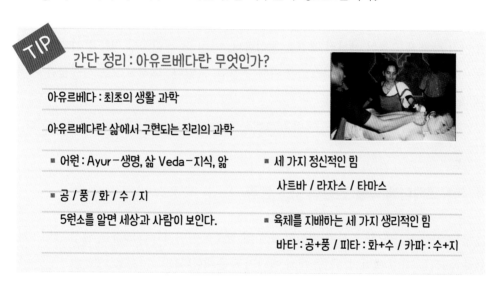

TIP
간단 정리 : 아유르베다란 무엇인가?

아유르베다 : 최초의 생활 과학

아유르베다란 삶에서 구현되는 진리의 과학

■ 어원 : Ayur-생명, 삶 Veda-지식, 앎

■ 공 / 풍 / 화 / 수 / 지
5원소를 알면 세상과 사람이 보인다.

■ 세 가지 정신적인 힘
사트바 / 라자스 / 타마스

■ 육체를 지배하는 세 가지 생리적인 힘
바타 : 공+풍 / 피타 : 화+수 / 카파 : 수+지

3. 아유르베다의 근본 원리

아유르베다에서 Vata는 신체적 風 air의 원칙이다. 그것은 움직임의 에너지이다. Pitta는 火, fire의 원칙이고 소화와 신진대사의 에너지이며, kapha는 水, Water의 원칙이고 윤활과 구조의 에너지이다. 우리의 신체에서 이러한 세 가지 dosha는 우리의 정신 생물학적 기능을 다스린다. 이들 세 가지 도샤는 모든 세포, 조직, 그리고 장기 속에

존재한다. 균형적일 때, 그들은 건강을 창출한다. 불균형이 왔을 때, 그들은 질환의 원인이 된다.

이러한 세 가지 도샤는 개인 차이와 기호의 거대한 다양성을 책임진다. 그리고 우리의 모든 것 우리가 행하는 모든 것에 영향을 주고, 음식의 선택에서부터 다른 것들과 관여하는 우리의 형태에까지 영향을 준다. 그것은 우리의 신체, 마음, 그리고 의식의 생화학적 노폐물 생산물의 분비도 담당한다.

세 가지 도샤는 또한 우리의 감정을 지배한다. 그들이 균형적일 때 일반적으로 고상한 기질, 즉 이해, 동정, 사랑 등을 낳고, 그들이 스트레스, 부적당한 음식, 환경적 상황 또는 다른 요소에 의해 분노, 공포, 탐욕과 같은 부정적 감정을 낳기도 한다. 모든 사람은 그러한 세 가지 도샤 모두를 가지고 있으나, 그것 중 어느 하나가 일반적으로 우선하고, 다른 하나는 두 번째, 나머지는 세 번째로 우세하다. 그래서 각 사람들은 에너지의 특별한 형태를 가지고 신체적·정신적, 그리고 감정적 특성들의 개개의 조합으로 이루어진 각자의 고유의 선천적 체질을 형성한다. 마치 각 개인들이 지문을 가지는 것처럼, 그것은 숙련된 아유르베디스트에 의해 구별될 수 있다. 그래서 모든 사람들은 에너지 print를 가진다.

Vata, Pitta, Kapha의 균형 또는 비율 그것은 모든 개인에게 유일한 것으로 확인된다.

4. 아유르베다에 따른 인간의 구조 분류

모든 인간은 순수히 조화된 의식인 우주의 창조물이며, Purusha라는 남성 에너지와 Prakruti라는 여성 에너지, 즉 두 개의 에너지로 존재한다.

Purusha는 선택력이 없는 수동적인 의식이며, Prakruti는 선택력이 있는 능동적인 의식이다. Prakruti는 신의 창조적 의지인데, Purusha는 창조에 참여하지 않지만, Prakruti는 leela라고 불리는 신의 창조 작업에 참여한다. 창조 시에 Prakruti는 일차적으로 관여하거나 mahat라고 불리는 최고의 지성으로 나타났다. Mahat는 ahamkara(자아-에고)라고 불리는 자기 정체성으로까지 확대되는 지혜의 법칙(개인의 지성)이다. Ahamkara는 satva, rajas 및 tamas라는 3개의 기초적인 우주의 성질들에 의해 영향을 받는다. Satva는 명확한 인식을 담당한다.

5. 베다의 철학에 의한 인간의 3가지 정신적 기질 분류

이들 개인차인 정신학적 도덕적인 차이 및 사회·문화적, 물리·환경적 상황에 대한 반응은 Ayurveda의 모든 고전 책에 기술되어 있다.

Satvic 기질은 선과 행복에 대해 책임이 있는 본질, 현실, 의식, 순수함과 인식의 명확성을 의미한다.

Rajasic 기질은 모든 운동 및 활동에 책임이 있는 감정의 즐거움, 기쁨 및 고통, 노고, 그리고 불안함 등을 의미한다.

Tamasic 기질은 어둠, 관성, 무거움 유물론적 태도 등이다. 개별적인 의식에 있어서는 이들 세 가지 특질의 지속적인 상호작용이 있지만, satva, rajas, 또는 tamas 각각의 상대적인 우위성이 개인의 정신학적인 기질을 결정짓는다.

1) Satvic 기질

satvic 기질이 우세한 사람은 종교적이고, 사랑이 많고, 동정심이 많고 순수한 마음을 가진다. 이들은 진리와 정의에 따라 훌륭한 매너, 행동 방식을 가지며 쉽게 흥분하거나 화내지 않는다. 정신적으로는 부지런히 일하지만, 정신 피로를 얻지 않아 매일 밤 몇 시간만 자도 된다. 이들은 새롭고, 방심하지 않으며, 인식이 있고, 광택이 가득하며, 지혜가 있고, 즐거우며, 행복해 보인다. 이들은 창조적이고, 근면하며, 그들의 스승에게도 정중하다. 하나님과 인류를 경배하며 모두를 사랑한다. 또한, 사람들, 동물들, 나무들을 돌보며 모든 생명과 존재를 공경하고 균형 잡힌 직관력과 지성을 가지고 있다.

2) Rajasic 기질

rajasic 기질이 우세한 사람은 이기적이고, 야망이 있고, 공격적이고, 긍지가 있고, 경쟁적이고, 다른 것들을 통제하는 경향이 있다. 이들은 권력, 특권, 지위를 좋아하며 완벽주의자들이다. 열심히 일하는 사람들이지만 적절한 계획과 방향성이 부족하고, 침착성이 없고, 활동적이지만 부주의하다. 감정적으로는 쉽게 화를 내고, 질투심이 크고, 야망이 강하며 성공으로 인해 기뻐하는 때가 거의 없다. 이들은 실패에 대해 두려움을 갖고 있고, 스트레스를 받기 쉬우며 정신적인 에너지를 쉽게 잃어버린다. 8시간 정도의 잠을 필요로 한다. 이들은 자신들의 이익이 관철될 때에만 조용하고 참을성이 있다. 자신들을 돕는 사람에게만 선하게 대하고, 사랑하며, 친절하게 대하고, 신뢰를 한다. 이들은 내부 의식에 대해 정직하지 못하다. 이들의 활동은 자기중심적이다.

3) Tamasic 기질

tamasic 기질이 우세한 사람은 지적이지 않다. 이들은 우울, 게으름, 과도한 잠 등의 경향을 가진다. 정신적인 활동을 적게 하여 쉽게 지친다. 책임감이 적은 일을 좋아하며, 먹는 것, 마시는 것, 잠자는 것, sex 하는 것을 좋아한다. 이들은 탐욕적이고, 소유욕이 강하며, 의존적이고, 쉽게 화를 내며, 다른 사람을 돌보지 않는다. 이들은 자기 관심을 통하여 다른 사람에게 해를 끼칠 수 있다. 명상하는 동안 마음에 초점을 모으는 것조차도 힘들 때가 있다.

6. 5가지 요소와 인간

우주의 탄생과 5대(大) - 에테르[쏘, 虛空, 대기 밖의 공간에 차 있는 정기, 영기], 공기[風], 불[火], 물[水], 흙[地]이 있다.

태초의 우주(현상화되지 않은 의식의 상태), AUM(우주적인 소리 없는 소리, 옴의 미묘한 진동으로 맨 처음 나타난 요소가 ether), 공기(운동 중인 ether, ether의 마찰로 열과 강렬한 빛과 불이 생성됨), 불(불의 열로 인한 ether적 요소가 액화되어 물이 생성), 물(ether적 요소가 고체화되어 흙 분자 생성), 흙(地에서 식물과 동물의 모든 유기물과 광물질 등의 무기물이 생성됨). 예를 들어 얼음(地의 원리의 나타남)이 열을 받아 물[水]이 되고, 다시 열[火]을 받아 수증기[風]가 되고 허공[쏘]으로 사라진다.

즉 5요소는 어떠한 물질에나 내재되어 있으며 그 모두는 결국 우주 의식으로부터 온 것이므로 에너지와 물질은 똑같은 것이다.

1) 소우주로서의 인간

• Ether : 몸속의 공간, 입, 코, 소화기, 순환기, 배, 가슴, 모세관, 임파관, 조직세포 등에 있는 빈 곳을 말한다.

- Air : 운동성을 가진 공간, 근육의 운동 허파의 팽창, 수축, 소화기관의 운동신경섬유의 신경섬유의 구심성, 원심성의 운동 등을 말한다.
- Fire : 육체에서의 불의 근원은 물질대사 작용, 체온, 소화, 사고, 시각 기능, 모든 물질대사와 효소의 기능을 한다.
- Water : 소화액의 분비, 침의 분비, 점막과 원형질 세포질, 세포질 등 여러 육체의 조직과 기관 등의 기능에 활력을 주는 요소이다.
- Earth : 뼈, 연골, 손톱, 근육, 힘줄, 피부, 머리카락 등을 말한다.

2) 5가지 요소

감각기관과 그 기관들의 행위 에테르-청각-귀-발성기관(혀, 성대, 입)-말하기 공기-촉각-피부-손-잡기 불-시각-눈-발-걷기 물-미각-혀-성기(아래에 있는 혀)-생식 흙-후각-코-항문-배설.

* 아유르베다에서는 인간의 육체와 육체에 대한 감각 경험을 우주 에너지가 5가지의 기본 요소로 나타난 것으로 보며 이 요소들이 순수한 우주 의식에서 기인한다고 본다.

* 아유르베다의 목표 각 개인이 자신의 육체를 그 우주 의식과 완전한 조화 상태로 유지할 수 있도록 하는 데 있다.

(1) 감각기관의 행위

다섯 가지 요소	정보 입력	정보 출력
空, 귀-소리	편하다.	말하기
風, 피부-촉감	손이 부드럽다.	손잡기
火, 눈-시력	호수	발, 걷기
水, 입-맛	맛있는 것을 먹다.	생식
地, 코-냄새	좋은 향기를 그에게서 맡다.	배설

(2) 뇌를 만지는 5가지 방법

뇌를 만지는 여자, 뇌를 만지는 남자.

이것이 아함카라(ahamkara, 전생의 기억, 기존의 정보 체계의 영향을 받음)다.= ego

1. 空, 소리는 공간을 통해 와서 귀로 듣는다.

2. 風, 진동-촉감이 와서 피부로 느끼게 한다.

3. 火, 눈-시력(빛), 물이 있어서.

4. 水, 물기가 있어야 맛을 안다.

5. 地, 코-땅의 물자들이 솟아나야 냄새를 알 수 있다.

空, 風 = 바타-중추신경 운동

火, 水 = 피타-(소화) 신진대사 : 변형시킨다.

水, 地 = 카파-세포를 성장시킨다. 안정시키고 재생을 담당한다.

- Purusa : 남성의 원리
- Prakruti : 여성의 원리(창조)
  → 두 개가 만나서 (Mahart), 최초의 인식 기능
  → 이렇게 해서 자기만의 형태를 결정짓고 한정 짓는다.

7. 3가지 속성의 정의 및 타입별 특징

Ayurveda에 의한 일곱 가지 신체 유형

- mono type (vata, pitta 또는 kapha 우세)
- dual types (vata-pitta, pitta-kapha 또는 kapha-vata)
- equal types, (vata, pitta 및 kapha가 같은 비율) 각 개인은 이들 세 doshas의 독특한 조합을 가지고 있다. 개성을 이해하는 것이 Ayurveda에 따른 치료의 기본이며 삶의 과학이다.

인간의 생물학적 기질 Vata, Pitta and Kapha은 세 개의 Doshas 구조적 관점으로 볼 때 신체는 5개의 요소로 구성되는데, 기능적인 관점으로 보면 신체는 세 개의 생물학적 기질로 다스려진다. Ether와 공기는 함께 vata를 구성하며, 불과 물은 pitta를, 물과 흙은 kapha를 구성한다. Vata, pitta 및 kapha는 세 가지의 생물학인 기질로 유기체의 세 가지 생물학적 구성 성분이다. 이들은 신체의 정신·생물학적 변화와 병리학적인 변화를 지배한다. Vata-pitta-kapha는 사람의 모든 세포, 조직 및 기관에 존재하는데, 모든

사람에서 순열과 조합은 틀리다. 정자는 남성의 배아세포이며, 난자는 여성의 배아세포인데, 이들은 vata-pitta-kapha(VPK)를 갖고 있다. 신체적인 vata-pitta-kapha 변화는 음식, 생활 양식, 감정에 따라 영향을 받는다. 정자는 아버지의 생활 양식, 음식, 감정에 의해 영향을 받으며, 난자는 어머니에 의해 영향을 받는다. 성숙기에 정자 하나가 난자 하나에 들어오면 개인의 기질이 결정된다.

8. 아유르베다의 3가지 속성(체질) 트리도샤

1) 바타(Vata)

가볍고 차갑고 동적이다. 성격이 급하고 분위기에 좌우되기 쉽다. 매우 창조적인 타입이지만, 기억력은 좋지 못한 편이고 경쟁심도 강하고 예술 방면에 재능이 뛰어나기 때문에 무용가나 배우들이 많다. 힘줄과 혈관이 드러나고 피부에 검은색 사마귀가 있고, 머리털은 숱이 적고 곱슬이며 광택이 없다. 눈은 움푹 들어가고 속눈썹이 가늘다. 뜨거운 음료를 즐긴다. 소변량이 적고 땀을 적게 흘리고 대변량도 적다. 활동적이며, 창조적이고 걸음걸이가 빠르다. 피로를 빨리 느끼며 인내심이 적고, 자신감과 대담성이 희박하며, 추진력이 빈약하다. 이해는 빠르나 빨리 잊어버리는 경향이 있고, 손발이 차고 가슴이 밋밋하다. 손톱은 잘 부서지고 코의 모양은 구부러져 있는 경우가 있으며 근육 발달이 미숙하고 접골 부분이나 뼈끝이 돌출되어 있다. 건조한 특질 때문에 건조한 머리, 건조한 손, 건조한 피부, 건조한 결장을 가지며 변비의 경향이 있다. 차가운 특질 때문에 차가운 손, 차가운 발, 차가운 혈류를 가져서 추운 계절을 싫어하고 여름을 좋아한다. 움직임의 특질 때문에 매우 활동적이고, 조깅 점핑을 좋아하고 한 장소에 앉아 있는 것을 싫어하고 미묘한 성질을 가져서 공포, 분노, 불안정, 신경과민 등의 특징이 있다. 명확한 특징으로 천리안을 가진 사람일 수 있다. 명백하게 이해하고 인식한다. 또한, 사물을 즉각 이해하나 즉시 잊는다. 수렴성이 있어 맛을 말리고 막는 특징이 있기 때문에 음식을 먹을 때 목에 걸리고 막히는 느낌을 갖게 된다.

2) 피타(Pitta)

역동적이고 정열적인 성격으로 카리스마가 강하고 태도가 분명하기 때문에 정치, 금융, 법률 계통이 많다. 파트너와 관계도 명료하지만 자기 의견이 강해 지나치게 논쟁적이거나 비평적이다. 피부에 적갈색, 사마귀, 주근깨가 있으며, 조기에 흰머리나 대머리가 되는 경향이 있다. 눈동자가 적당히 돌출되어 있고, 결막은 촉촉한 구릿빛이다. 찬 음료를 즐기며, 대·소변 양이 많고 땀을 과다하게 흘린다. 쉽게 증오하고 시기 분노하고, 야망이 큰 지도자가 되고 싶어한다. 이해력이 뛰어나며 매우 명석하다. 손톱은 부드럽다. 뜨겁고, 날카롭고, 가벼운 습성이며 시고, 기름지고 퍼지는 특질이다. 살의 냄새처럼 강한 냄새를 가지며 시큼하거나 쓴맛을 가진다. 뜨거운 특질 때문에 강한 식욕과 따뜻한 피부를 갖는다. 체온도 약간 높다. 50도에서 바타는 땀을 흘리지 않을 때 피타는 많이 흘리는 경우가 있다. 강한 식욕으로 배고프면 참을 수 없고 참으면 저혈당이 된다. 날카로움 때문에 뾰족한 코, 치아, 눈, 정신을 가졌으며 이야기하는 동안에도 날카로운 언어들을 사용한다. 매우 정확한 기억력을 가지고 있으며 지방성 특질 때문에 이들은 부드러운 지성 피부, 지성의 직모를 가졌으며 변 또한 지성이며 묽다. 소녀는 생리가 빠르고, 일찍 사춘기에 달한다. (10세) 가벼운 특질 때문에 중간 정도의 체격을 가지고 있고 밝은 빛을 좋아하지 않는다. 자기 전에 책 읽기를 좋아하며 가슴에 책을 올려놓고 자기도 한다. 신체가 너무 뜨겁기 때문에 젊을 때 머리카락이 빠지는 경향이 있다. 머리 선이 뒤로 물러나거나 아름다운 대머리가 되기도 한다. 유황 냄새를 향수로 좋아하는 이유이다. 현명하고 명석한 사람들이지만 개성을 제어하고 지배하는 경향이 있다. 경쟁, 비교, 야망의 특징이 있으며 공격적인 성질을 가지고 있어 자연적으로 비판적이다. 비판할 사람이 없을 때는 자기 자신을 비판하기도 한다. 완벽주의자이다. 간염 질환에 걸리기 쉽다.

3) 카파(Kapha)

차분하고 너그러우며 관대한 성격으로 안정적이고 침착하다. 사교성이 뛰어나고 남에게 신뢰감을 주기 때문에 카운슬러, 간호사, 회계사 등의 직업을 선택하는 것이 바람직하다. 인내심이 많고 차분하고 너그럽고 애정이 풍부하다. 가슴이 크고 넓으며, 땀은 적당히 흘리는 편이며 정력이 좋고, 활력이 넘쳐 있으며 건강하고, 행복하며 평화롭다. 무거운 특질 때문에 육중한 골격, 근육, 지방을 가지고 있다. 물을 빨리 먹어도 살이 찐다. 느린 특징 때문에 대사가 느리고 소화도 느리다. 음식을 먹지 않아도 일을 할 수 있지만, 음식 없이 일에 열중한다는 것은 매우 어려운 일이다. 차갑기 때문에 차갑고 서늘한 피부를 가지고 있다. 소화기관은 불의 성향으로 강한 식욕을 갖게 한다. 두꺼운 곱슬머리와 매혹적인 눈을 가지고 있다. 흐릿한 특질 때문에 마음은 무겁고 흐릿하며 식사를 그득이 한 후에는 처지거나 졸린다고 느낀다. 이들은 아침에 커피나 자극제를 마시지 않고는 활동할 수가 없다. 단 것을 즐긴다. 먹는 것, 앉아 있는 것, 그리고 아무 것도 안 하는 것을 좋아한다. 느리지만 안정되고 지속적인 기억을 가지고 있으며, 천천히 걷고, 느리게 말한다.

9. 3가지 속성과 작용

- 바타 : 가벼움, 건조함, 차가움, 가변성, 거치름, 미세함, 명료함, 산만함
- 피타 : 가벼움, 매끄러움, 뜨거움, 가변성, 신 냄새, 짜릿함, 유동성
- 카파 : 무거움, 매끄러움, 차가움, 고정성, 느림, 부드러움, 끈적끈적함, 조밀성

1) 무거움 카파(증가시킴), 바타-피타(감소시킴), 둔함과 무기력을 일으킴, 부피와 영양 무게의 증가
2) 가벼움 바타, 피타-아그니, 카파, 소화에 도움, 부피 감소시킴, 정화작용, 신선함, 주의 깊음 표류성을 일으킴
3) 느림 카파, 바타-피타, 둔감, 느린 행동, 이완 등을 일으킴
4) 날카로움 바타, 피타, 카파, 궤양과 천공을 일으킴, 명석함, 예리함의 증가
5) 차가움 바타-카파, 피타, 차가움, 마비, 무의식, 위축, 공포, 무감각이 증가
6) 뜨거움 피타-아그니, 바타-카파, 열, 소화, 정화, 팽창, 염증, 분노, 증오의 증가
7) 매끄러움 습함 피타-카파, 바타-아그니, 부드러움, 습기, 매끄러움, 활기를 일으킴, 연민과 사랑 증진
8) 건조함 바타-아그니, 피타-카파, 건조함, 흡수, 변비증, 신경과민을 일으킴
9) 끈적끈적함 피타-카파, 바타-아그니, 부드러움, 사랑, 관심이 증가
10) 거치름 바타-아그니, 피타-카파, 피부나 뼈의 갈라짐의 원인, 부주의와 완고함을 일으킴

11) **조밀성** 카파, 바타-피타-아그니, 고체성, 조밀성 힘의 증가

12) **유동성** 피타-카파, 바타-아그니, 침흘림, 연민, 응집성

13) **부드러움** 피타-카파, 바타-아그니, 부드러움, 그윽함, 이완, 유연성, 사랑, 관심을 일으킴

14) **딱딱함** 바타-카파, 피타-아그니, 딱딱함, 강인함, 완고함, 이기성, 무정함을 일으킴

15) **고정성** 카파 바타-피타-아그니, 안정성, 차단성, 지지성, 변비증, 신념의 증진

16) **가변성** 바타-피타-아그니, 카파, 운동성, 동요성, 불안정성, 불신감의 증가

17) **미세성** 바타-피타-아그니, 카파, 침투력과 모세혈관으로의 침투, 정서, 감정의 증가

18) **거대성** 카파, 바타-피타-아그니, 장애와 비만을 유발함

19) **탁함** 카파, 바타-피타-아그니, 불명료성과 오인의 원인

20) **명료함** 바타-피타-아그니, 카파, 고집과 분할을 일으킴

10. 7개의 조직(Dhatue tissue)

인체는 다투스라고 불리는 일곱 가지 기본적인 조직들로 구성되어 있다. 산스크리트 어인 다투는 '구성 요소'라는 의미이다.

일곱 가지 다투스인 라사(원형질), 락타(혈액), 맘사(근육), 메다(지방), 아스티(뼈), 마자(골수와 신경조직), 수크라(생식 조직)가 몸을 형성하고 있다. 다투스는 신체 발달과 영양 상태를 유지하는 아주 중요한 역할을 담당하고 있다. 음식을 섭취했을 때 흡수된 영양분은 다시 심장을 거쳐 라사에서 락타로, 락타에서 맘사, 메다, 아스티, 마자, 수크라로 차례로 전달된다. 일곱 가지 다투스에는 그들을 위한 일곱 가지 아그니들이 존재하고 있는데, 이 아그니의 도움으로 각 다투스에 영양이 공급된다.

다음은 가장 중요한 일곱 가지 다투스에 관해서 알아보자.

① 라사(원형질)-영양분을 온몸에 공급한다. 꽃에 물을 주는 것과 같다.

② 락타(혈액)-모든 조직과 생명 기관에서의 산화작용을 담당하고, 생명을 유지시켜 준다.

③ 맘사(근육)-뼈와 관절을 보호하고 지탱시켜 주며 생명 기관을 보호해 준다.

④ 메다(지방)-모든 조직을 매끄럽게 유지시켜 주는 윤활유 역할을 한다.

⑤ 아스티(뼈)-체격을 유지시켜 준다.

⑥ 마자(골수와 신경 조직)-뼈가 강하게 자랄 수 있도록 해주고 신경계에 도움을 준다. 이것은 아유르베다의 개념이므로 현대 의학의 개념과는 약간의 차이가 있다.

⑦ 수크라(생식 조직)-온몸의 세포를 재생산하는 힘이다. 수크라에는 다음 세대를 생산하는 힘과 조직을 재생산하는 힘이 있다.

다투	구성 요소	정상일 때	비정상일 때	비고
라사 (5일)	물	젖, 윤기 있는 피부, 생리, 생기, 즐거움, 집중력, 림프	몸의 무거움, 오심, 위약, 우울, 입이 씀	젖, 생리, 림프
락타	불	민감함, 입술, 생식기, 혀, 귀, 발, 손톱의 통통함과 발적	코피, 염증성 혈관, 농약, 출혈질환, 발진, 황달	혈액, 란자, 카피트 (붉은색)
맘사	흙	힘, 지구력, 협동심	악성종양, 기면, 공포	근육
메다	물·흙	윤활성, 유연성, 낭랑한 목소리, 정직	고지방, 생기 저하, 마목	지방 조직, 땀(발한)
아스티	흙·공기	뼈, 치아, 손톱, 관절의 강화, 낙천주의, 전일성	관절의 강직, 탈모, 치아 탈색	뼈, 골다공증
마자	물	면역 기능, 활동적, 울리는 목소리	뼈의 통증, 피로, 관절통, 현기증	신경, 뇌척수액, 골수, 뇌선골요법
수크라	물	성적 욕구, 임신, 카리스마, 정신적 목표에 대한 에너지	강박적, 성적 요구, 무월경, 사정량 감소, 음위, 생기 저하	정자, 난자

11. 아유르베다 뷰티케어 종류

아유르베다의 마사지는 판차크로마(정화 요법)를 위한 전 단계이며, 요가 자세에 도움을 주며, 뼈와 신경 조직의 영양, 질병의 치료에 도움을 주며, 족소가 배출되고, 프라나야마 수행으로 신경계를 마르지 않게 한다.

- 아비양가-온몸에 체질에 맞는 오일로 마사지하여 전신의 균형을 도와준다.

- 시로다라-스트레스를 완화하여 신경을 안정시켜 주고 질병을 예방하는데 도움을 주고 특히 수험생들의 기억력, 신경쇠약, 불면증을 개선한다.
- 시로비얀가-두피케어로서 모발과 두피를 관리하여 탈모 및 흰머리 예방을 목적으로 하며 건강한 두피와 모발을 유지시킨다.
- 나바라킷츠-영양을 피부로 공급해 쇠약한 사람을 강건하게 해준다.
- 파트라 스웨담-비만 응용 시 적용 등

아유르베다의 아로마테라피의 특징은 기능적 화학적 화장품의 한계와 강한 피부에 대한 압박 마찰이 아닌 가벼운 에너지 전달로 아로마가 가지고 있는 자연이 부여한 특유의 에너지를 피부 깊숙이 침투시켜 피로 물질을 신속히 제거시켜 피부를 아름답게 관리하는 기법이다.

예를 들면 보통 샌들우드는 피부의 작용으로는 모이스처(보습) 효과가 뛰어나고 마음적으로는 명상의 효과가 있다고 일반적으로 알고 있지만, 아유르베다에서는 사람의 체질을 Kapha, Pitta, Vata로 나누어서 다양한 처치를 한다. 불안과 가벼움 건조한 Vata의 기질이 높아졌을 때 사용하면 피부의 건성 피부 및 아토피까지도 놀랍게 관리가 되는 것을 볼 수 있으나 체액이 정체된 무거운 Kapha 체질에게 사용하면 균형이 깨지면서 움직이기 싫어하고 감정이 우울해질 수 있다는 것이다.

12. 아유르베다에 의한 피부관리의 이해

체질을 Kapha, Pitta, Vata 트리 도샤로 체질을 나누어서 다양한 피부관리를 한다.

1) Vata 타입

피부가 거칠고, 건조한 편이라 주로 건성 피부가 많다. 바타 타입들은 일반적으로 세 가지 유형 중에서 가장 마른 편이다. 얼굴 생김새는 매우 똑똑한 인상을 주게 생겼지만 뼈가 살갗 사이로 두드러지게 나타난다. 골격의 모양새는 안짱다리, 척추 측만, 코의 만곡, 두 눈 사이가 너무 멀거나 가까운 모습을 하고 있다.

즉 관절과 힘줄, 혈관이 눈에 보이게 두드러지게 드러나 있고 관절에서는 움직일 때

마다 소리가 나는 것이 매우 전형적인 특징으로 보인다. 여섯 가지 맛을 통한 생리학적인 영향력을 살펴보면 단맛, 신맛, 짠맛을 좋아하고 찬 것보다는 뜨거운 음료가 도움이 된다. 바타 타입들이 균형을 이루는 경우에는 매우 낙천적이고 쾌활하며 활동적이고 융통성이 있다. 반응이 빠른 편이며 환경 변화에 아주 민감한 것이 특징이다.

Vata 타입에 도움이 되는 허브들 : 감초, 고수, 계피, 생강, 열매

2) Pitta 타입

피부는 지성이고 햇빛에 노출되면 쉽게 그을리는 성향이 있다. 피부의 촉감이 부드럽고 따뜻하며 붉은 편이며 바타 타입의 사람보다 주름이 적다. 지성 피부 및 복합성 피부가 많다. 피타 타입들은 체격이 중간이며 균형이 잘 잡혀 있다.

피부에 많은 주근깨와 점이 박혀 있는 것도 피타 타입의 특징이다. 머릿결은 매우 가늘고 부드러우며 붉은색, 갈색인데 일찍부터 머리털이 희어지거나 빠지는 경향이 있다. 아유르베다 타입 중에서 열이 가장 많은 타입이라 빨리 배고파지며, 식사 거르는 것을 가장 참지 못하고, 심지어 식사 시간이 늦어지는 것도 견디지 못한다. 체온은 약간 높은 편이며 손발은 따뜻하다.

피타 타입의 사람들은 두뇌가 명석하고 이해력이 뛰어나며 말을 잘하고, 성격이 급한 편이다. 눈이 빛나며 커다란 야망을 품고 있으며 일을 하는데 있어 열정적인 면이 있고 지도자로 나서기를 좋아한다.

Pitta 타입에 도움을 주는 허브 : 페퍼민트, 레몬그라스, 카다몬 등이 도움이 된다.

3) Kapha 타입

피부는 차갑고 매끈하며 피부 조직이 좋으며 창백하면서도 복합성 피부가 많다. 얼굴빛은 희고 환하며 머릿결은 두텁고 어둡고 부드러우며 웨이브를 이루고 있다. 카파 타입은 성격이 온화하고 느긋하며 즐거우며 차분한 성향이 있다. 풍만하고 곡선미 있는 몸매를 유지하고, 눈이 크고 머리카락이 검고 성격이 원만하다. 몸의 움직임은 느린 편이며 말하는 것이 느리나 말하는 태도는 신중하다.

카파 타입들은 차분하고 자제심이 있어서 자신의 주변에 평화를 유지하고 싶어 한다. 좀처럼 화를 내지 않으나 한 번 화를 내면 아주 크게 내는 것도 특징이다. 카파 타입의 식욕은 소화의 불이 적어 소화 과정이 빠르지 않아 피타 타입처럼 심하게 배가 고파하지 않으나 식사는 잘하는 편이다. 이 타입들은 매운맛, 쓴맛, 그리고 떫은맛의 음식을 좋아한다.

Kapha 타입에 도움이 되는 허브 : 생강, 레몬, 파슬리, 회향, 고수, 고추 및 카다몬

13. 아유르베다 수기관리(Massage)

1) 혈액이 침체되어 있거나 혈액 순환 상태가 좋지 않을 때 심장 쪽을 향해 마사지
2) 근육이 경련을 일으키거나 경직되어 있을 때에는 근섬유의 방향을 따라 마사지
    (1) 바타형 : 저녁 시간대에 참기름을 사용하여 피부에 나 있는 털의 방향과 반대 방향으로 문질러 기름이 털구멍 사이로 깊숙이 침투하도록 마사지
    (2) 피타형 : 오후 시간대에 해바라기 기름이나 백단향(白檀香) 기름을 사용하여 부드럽게 마사지
    (3) 카파형 : 아침 시간대에 옥수수 기름, 창포 뿌리 기름을 사용하거나 기름을 사용하지 않고 부드럽게 마사지해도 좋음

14. 질병

1) 질병과 건강

건강은 질서, 질병은 무질서
    육체의 내부 상황과 외부 사항은 끊임없이 관계를 가지고 있으며, 둘 사이의 균형이 깨어질 때 질병이 발생함.
    Disease(질병)의 어원 : Dis(~이 결여된) ease(편안함) 질병에 대해 알기 위해서는 먼저 편안함과 건강이 무엇인지 이해해야 함.

[건강의 유지 조건]

아그니(Agni, 소화에 관여하는 불의 성분)가 균형 상태를 유지

육체의 구성 성분인 바타, 피타, 카파의 평형 상태 유지

소변, 대변, 땀의 세 가지 배설물의 정상적 상태로 배설

감각기관의 정상적 기능 유지

육체[身]와 마음[心]과 의식[靈]이 조화로운 통일체로써 작용

2) 질병의 분류

질병이 생기는 원인에 따라-심리적, 영적, 육체적인 것

질병이 나타나는 부위에 따라-심장의 질병, 폐의 질병, 간의 질병

육체의 세 가지 성분에 따라-바타형 질병, 피타형 질병, 카파형 질병

3) 발병 가능성

바타성 질환 : 고창, 관절염, 좌골신경통, 중풍, 신경통, (혼란된 바타-공포, 우울증, 신경쇠약 유발), (질병의 근원지-큰창자)

피타성 질환 : 쓸개 담즙 간의 질환, 위산과다, 위궤양, 위염, (과다한 피타-분노, 증오, 시기 등의 원인), (질병의 근원지-작은창자)

카파성 질환 : 편도선염, 정맥동염(整脈洞炎), 기관지염, 폐울혈, (과중된 카파-소유욕, 탐욕, 집착을 유발), (질병의 근원지-위)

바타-피타-카파의 세 성분의 부조화는 체내에 독소(毒素 : ama)를 생성시키며 질병을 유발하는 원인이 된다.

[질병 유발의 상관관계]

질병 유발의 불균형 원인이 의식에 있을 때 : 의식→무의식(분노, 공포, 집착의 형태로 내재)→표면의식→육체에 질병으로 나타남

불균형의 원인이 육체에 있을 때 : 음식, 생활습관, 환경의 육체에 대한 불균형→육체의 세 성분의 조화를 깨뜨림→ 마음에 질병으로 나타남

4) 건강과 질병의 관건-아그니(agni)

agni는 신진대사를 관할하는 생물학적인 불(火)의 성분(소화와 신진대사에 있어 촉매 역할).

피타의 소화작용을 돕는 열에너지. 피타-용기 아그니-내용물.

체내의 모든 조직과 세포 내에 존재하며 영양 상태를 유지시키고 자동적 면역기제를 유지. 위외 작은창자, 큰창자 내에 있는 이질적 박테리아, 미생물, 독소 등을 죽이고 파괴하여 Flora(몸에 이로운 박테리아로 소화기관에 많음)를 보호함. 세 성분의 불균형으로 agni 손상 시 육체의 저항성과 면역 체계에 손상을 주어 ama(독소, 모든 질병의 뿌리)의 생성으로 질병을 유발함.

5) 억압된 감정

억압된 분노→ 쓸개, 담즙관, 작은창자의 플로라를 완전히 변화시킴→ 피타의 가중→ 위와 작은창자 염막에 염증 유발.

공포와 불안→ 큰창자의 플로라에 변화→ 바타 증가→ 큰창자에 가스 차며 고통 유발.

억압된 감정→ 마음속에서 이상을 일으킴→ 신체 기능의 이상으로 나타남.

따라서 감정이 일어남을 주시할 뿐 그 감정에 얽매이지 말고 잘 해소시킬 것.

15. 아유르베다 진단법

- 혀를 통한 진단법
- 손톱을 통한 진단법
- 눈을 통한 진단법
- 소변을 통한 진단법
- 맥진을 통한 진단법

진단 : 질서와 무질서, 건강과 질병 간의 매 순간 상호 관계를 살피는 것.

서양에서의 진단(diagnosis) : 병이 나타난 다음에 그 병을 확인하는 것.

질병의 과정 : 세 가지 성분과 조직 간의 반응, 세 가지 성분의 부조화로 인한 질병의 신체 반응(맥박, 혀, 얼굴, 눈, 손톱, 입술)을 관찰.

1) 맥박 검사

팔을 가볍게 펴서 손목을 약간 구부림→ 세 손가락(인지, 중지, 약지)을 손목 밑에 댐→ 다른 형태의 맥박의 움직임을 파악하기 위해 손가락에 힘을 주거나 늦춤.

(1) 맥박의 확인

　① 뱀 맥박 : 인지, 바타. 빠르고 좁고 연약하고 차고 불규칙적. 80-100/min

　② 개구리 맥박 : 중지, 피타. 점프하듯 순간순간 강함, 뜨겁고 규칙적. 70-80/min

　③ 백조 맥박 : 약지, 카파. 느리고 강하고 꾸준하고 부드럽고 넓고 따뜻하고 규칙적. 60-80/min

(2) 맥박을 잴 수 있는 부위

　① 머리 관자놀이 바로 위쪽의 관자놀이 동맥

　② 쇄골 위의 목에 있는 경동맥

　③ 팔꿈치 위, 팔 안쪽의 팔 동맥

　④ 손목의 요골 동맥

　⑤ 골반과 만나는 다리 안쪽의 대퇴부 동맥

　⑥ 발목 뒤쪽의 후부 경골 동맥

　⑦ 발 윗부분의 발등 동맥

(3) 손가락과 다섯 가지 요소의 관계

　엄지(에테르, 뇌), 인지(공기, 허파), 중지(불, 창자), 약지(물, 신장), 소지(흙, 심장)

(4) 맥박과 신체 기관

구분	환자의 오른쪽 손목	환자의 왼쪽 손목
얕게 짚었을 때	V 큰창자, P 쓸개, K 심낭	V 작은창자, P 위, K 방광
깊게 짚었을 때	V 허파, P 간, K vpk의 조화 여부	V 심장, P 비장, K 신장

(5) 맥박을 재서는 안 될 경우

　마사지 후, 음식이나 술 마신 후, 일광욕 후, 불 곁에 앉아 있는 후, 심한 육체 노동 후, 성행위 후, 배고플 때, 목욕 도중.

(6) 연령에 따른 맥박 수

자궁 속 태아 160, 탄생 직후 신생아 140, 탄생에서 한 달 130, 1~2세 100, 3~7세 95, 8~14세 80, 성인 평균 72, 노년기 65, 질병 시 120, 사망 직전 160.

2) 혀의 진단

혀의 여러 부위는 몸의 여러 기관들과 연관되어 있음.

혀의 특정 부위에 변색이나 그 부위의 올라감 내려감은 그 부위와 연관된 기관에 이상이 있다는 증거.

혀의 표면을 덮고 있는 물질은 위, 작은창자, 큰창자에 독소가 있음을 나타냄.

혀의 중앙을 따라 세로로 줄이 나 있는 것은 척추선을 따라 여러 감정들이 연관되어 있다는 증거이며, 이 선이 구부러짐은 해당 부위의 척추에 이상이 있다는 증거.

혀의 색깔이 창백(빈혈 증세, 적혈구 감소), 노란색(쓸개에 담즙 과다와 간의 이상), 푸른색(심장에 이상), 하얀색(카파성 질환과 점액 축적), 빨간색, 황록색(피타성 질환의 증거), 약간 검은색(바타성 질환의 증거).

바짝 마른 혀는 원형질(Rasa dhatu)의 감소.

혀 주위가 톱니 모양이면 영양분의 흡수 불량을 나타냄.

혀의 균열은 결장에서의 만성적인 Vata성 질환을 나타냄.

혀의 떨림은 뿌리 깊은 공포나 불안을 나타냄.

3) 얼굴의 진단

(1) 이마의 수평으로 그어진 주름 : 불안, 걱정

(2) 미간 오른쪽의 수직 주름 : 간선, 감정이 간에서 억압

(3) 미간 왼쪽의 수직 주름 : 비장선, 감정이 비장에서 억압

(4) 아래 눈꺼풀의 부풀어 오름 : 신장 이상

(5) 코와 뺨의 변색 : 아그니 저하, 소화 불량, 신진대사 저하

4) 입술의 진단

(1) 바타성(얇고 건조, 건조하고 갈라진 입술)

(2) 피타성(붉음, 입술이 헐고 물집)

(3) 카파성(두텁고 윤기), 입술이 노란색(황달 증상), 푸른색(산소 결핍, 심장 이상), 창백함(빈혈), 갈색 반점(만성 소화불량, 직장에 기생충), 입술 떨림(공포, 불안)

5) 손톱의 진단

바타형-부서지기 쉬움, 피타형-부드럽고 연하며 분홍빛, 카파형-두텁고 강하며 매끄러움.

색깔 창백(빈혈), 노란 손톱(간이 약함), 푸른색(심폐가 약함), 손톱 밑부분 둥그스름한 곳이 푸름(간 이상), 둥그스름한 곳의 붉음(신장 이상), 바타성 질환(신경과민, 뜯긴 손톱), 아그니성 질환(영양 상태 불량, 계단형 손톱), 피타성 질환(수직 줄무늬, 흡수 상태 불량), 카파성 질환(손톱 끝 융기-만성 폐질환, 앵무새 부리형-만성 기침), 심폐질환(곤봉형 손톱, 기 부족), 만성 발열(가로 홈, 오래 지속된 질환), 흰 점(칼슘, 아연 부족).

6) 눈의 진단

(1) 바타형 : 눈이 작고 신경질적, 눈꺼풀이 늘어져 있고, 속눈썹은 건조하며 숱이 적음, 눈의 흰자위가 탁하며 홍채는 어둡고 갈색 또는 검은색

(2) 피타형 : 눈의 크기가 적당하고 예리함, 광택 있고 빛에 민감, 속눈썹의 숱은 적고 매끈하며 홍채는 붉은색 또는 누르스름한 색

(3) 카파형 : 눈은 크고 아름답고 축축하며, 속눈썹이 길고 두텁고 매끈, 눈의 흰자위는 매우 희고 홍채는 연한 푸른색 또는 검은색

자주 깜빡거림(신경과민, 불안, 공포), 윗눈꺼풀 늘어짐(불안정, 자신감 결여, 바타의 이상), 눈 돌출(갑상선 기능 이상), 결막이 창백(빈혈), 결막이 노란색(간이 약함), 홍채가 작음(관절 약함), 홍채 주위 하얀 고리(염분과 당분 섭취량 과다, 칼슘 고갈, 골절의 쇠퇴, 혈관의 경화)

7) 기타 진단 방법

촉진(觸診), 타진(打診), 청진(聽診), 환자와의 문답, 심장·간·비장·신장·소변·대변·담·땀·발성 등에 관한 검사, 골상학(骨相學) 등.

16. 아유르베다 & 아로마테라피 실제

신체적인 생리 기능을 활성화할 수 있는 일종의 자연 요법인 아로마테라피는 향 또는 향기를 의미하는 아로마(Aroma)와 치유, 치료를 의미하는 테라피(Therapy)의 합성어다. 식물로부터 추출한 에센셜 오일을 이용하여 인체의 특정 부위의 증상을 완화하고, 심리적인 건강 증진 효과를 얻으며, 신체적인 생리 기능을 활성화할 수 있는 일종의 자연 요법이다.

에센셜 오일은 예로부터 항균, 항염, 통증 완화 등의 다양한 생리 활성으로 Ayurvedic Medicine 등의 전통 의학에 중요하게 이용되어 왔다.

인도에서 가장 오래된 책인 《베다》에는 700종이 넘는 아로마테라피 오일이 수록되어 있으며, 인도의 베다(Vedas) 경전은 5000년 전부터 사용되었다. 여기에는 ginger, cinnamon, sandalwood, myrrh 등이 질병 치료와 종교 의식의 수단으로 사용되었고, 중국에서는 약초 사용에 관한 기록이 나타나 있다.

유럽에서도 일찍부터 의약품으로 사용되어 오고 있으며, 영국·독일·스위스 등 세계 의료 선진국들 역시 질 좋고 치료 효과가 높은 아로마 오일의 생산과 활용 방안을 모색하기 위해 노력하고 관련 분야의 연구도 활발하게 진행되고 있다.

우리나라에서도 스트레스로 인한 문제성 피부의 근본적인 치료와 관리, 예방을 위해 많은 관심의 대상이 되고 있는 것이 아로마 에센셜 오일이다.

17. 3가지 속성별 아로마 분류

아로마는 생명을 실어 나르는 빛의 운반자이다. 아로마 안에는 태양의 무궁한 치유 에너지가 들어있다. 삶에 기쁨을 주고, 몸과 마음을 고무시키고, 감각을 기쁘게 한다.

정유를 적용한 후 적어도 15분이면 혈액과 신경계를 자극해서 온몸과 마음 그리고 영혼에까지 영양을 미친다. 정유의 효과는 몸으로 들어간 지 2~3시간 후면 몸에 남지 않고 호흡기나 소변, 땀을 통해서 밖으로 배설되기 때문에 몸 안에 누적되지 않는 것이 다른 허브와 다른 점이다.

1) 바타 타입 아로마

신경계와 마음을 진정시키고, 따뜻하게 하고 조직을 영양한다.

- clary sage – 에스트로겐 양 호르몬과 같은 효과
- geranium – 비장을 강화하고 림프 순환을 증진
- cinamon – 혈액 순환을 증진시키고, 기생충, 캔디다 균을 제거
- cypress – 정맥 순환을 증진시키고, 마음의 고통을 덜어준다.
- clove – 몸을 따뜻하게 해주고 캔디다 균을 죽이며, 강한 향기로 공기 중을 소독해 준다.
- jasmin – 사랑의 마음을 북돋아주고, 행복감을 준다.
- orange – 기쁨과 행복을 주며 폐를 따뜻하게 데워준다.
- rose – 가슴의 사랑의 샘을 열어주고 자궁, 난소, 고환에 효과. 중독증, 우울증을 치료한다. 마음을 진정시키는 역할도 한다.
- sandalwood(따뜻하게) – 신장의 배설 능력을 높여주고, 영적인 능력을 고양시킨다.
- lavender – 심한 화상을 치료하고 불면을 돕는다.
- Sesame oil, Avocado, Vitamin E. – 건조 피부에 사용

2) 피타 타입 아로마

몸을 시원하게 하고, 흥분을 진정시키며, 공격성, 분노를 진정시키는 오일

- chamomile – 분노를 삭여 주고 강한 진정 효과가 있다.
- lemongrass – 정맥 순환, 림프 순환을 돕는다.
- peppermint – 비, 위의 열을 식혀 주고, 호흡을 편하게 해주고 두통에 효과
- sandalwood – 인당 – 명상, 기도, 영혼을 하늘로 인도해 준다.
- rosewood – 가슴을 열어 사람이 샘솟게 한다.
- ylang ylang – 심장의 흥분, 분노, 부정맥
- coconut, sunflower, jojoba – 스트레스 해소

3) 카파 타입 아로마

마음과 몸을 자극하는 효과와 따뜻하게 한다.

- lemon - 림프 순환 증진
- rosemary - 산성화된 물질을 제거
- eucalyptus - 과다 점액을 제거하며, 머리를 맑게 한다.
- cinnamon - 혈액 순환을 증진시키고, 기생충, 캔디다 균을 제거
- myrrh - 조직을 조여 주며 수축시키는 효과
- patchouli - 안정된 마음을 만들어 준다.
- pine - 항바이러스 효과 습기를 말리는 효과
- sage - 여성호르몬의 효과
- mustard, olive, almond oil - 베이스 오일로 사용한다.

18. 아유르베다와 피부미용 & 식이요법

서양인으로서는 드물게 인도에서 베다의 스승인 '데이비드 프롤리'는 식이요법이 가장 중요한 요법 가운데 하나이며, 아유르베다 치료는 올바른 식이요법에서 시작된다고 하였다. 결국, 식이요법은 우리의 몸과 마음 정신 치료에 있으며, 또한 피부관리에 아주 유용한 요소가 될 수 있다.

1) 체질별 피부관리를 위한 음식

(1) 바타 속성 : 마르고 건조하고 잔주름이 있는 피부관리를 할 때 바타가 증가되어 건조하고 지나치게 달거나 찬 음식을 먹게 하면 더욱 피부 문제가 악화된다.

(2) 피타 속성 : 피지가 증가되어 지성 피부 또는 복합성 피부로서 관리 소홀 시 여드름이 생길 수 있어 문제성 피부관리를 하는데 고추·마늘·양파·포도주·과도한 소금·신 음식·식초 같은 라자스적인 음식을 먹여 혈액 속에 독소를 증가하고 마음을 혼란시키고 불안과 더욱 바쁘고 쉽게 감정에 동요되어 공격적 성향을 가져와 문제성 피부가 결국 해결되지 않는다.

(3) 카파 속성 : 얼굴에서 볼 부분이 모세혈관이 확장되어 있을 수 있고 이른 나이에 턱살(이중턱)이 되고 보기에는 촉촉하나 관리 소홀 시 민감해지기 쉬운 복

합성 피부를 가진 카파는 인공적이거나 지나치게 튀겼거나 기름지고 무거운 음식, 설탕 패스트리의 과도한 타마스적인 음식을 피하지 않거나 활동 과소, 혼수 상태, 무감각, 과도한 수면은 담과 노폐물을 축적하여 피부관리가 어려워지는 것을 볼 수 있을 것이다.

2) 5원소를 통한 체질별 식이요법

맛은 1차적으로 사트바적인 맛으로 영양을 주고 조화를 주며 사랑의 에너지를 반영하기 때문에 감미롭다. 신맛, 짠맛은 마음을 외향적으로 만들기 때문에 라자스적이다. 쓴맛과 떫은맛은 그 영향이 생명 액을 고갈시키기 때문에 장기적으로는 타마스적이다. 맛들의 균형 자체는 사트바적이다. 이는 향료, 소금, 조미료를 적당히 사용하고 필요한 해독작용을 위한 떫은 재료만을 가미한 정제되지 않은 곡물, 과일, 달콤하고 조리된 채소이며 지나치게 달지 않는 음식으로 이루어진다.

아유르베다에 의한 체질별로 식이요법을 5원소를 통한 영양 공급을 이해하여 건강한 삶을 위해 특히 마음을 행복하고 평화롭게 하여 아름답고 맑은 피부를 유지하는 데 도움이 될 수 있다.

음식은 원소, 흙, 물, 불, 공기, 에테르 모든 다섯 가지 원소, 지배적으로는 흙 원소를 통해 영양을 공급하며, 음식의 여섯 가지 맛은 몸과 마음속에 해당 원소를 구축하도록 도와준다. 음식(맛)이라는 것은 육체적 기관과 구조에만 영향하는 것은 아니고 감정과 마음 상태에도 긴밀한 영향 미친다. 단맛은 행복감과 달콤함과 서로의 조화를 이루게 하고, 신맛은 질투가 유발되며, 음식은 맛에 의해 지와 수가 들어가면 안정감이 생기고 풍공이 지나치면 불안감과 공허감 마음이 안정되지 않고 요동이 일어나고 몸과 마음과 감정을 조절할 수 있으므로 공과 풍인 바타가 많은 음식을 먹으면 매사가 불안정하다. 아유르베다에서 음식, 오일 마사지, 보석, 컬러 모든 요법을 적용하여 건강과 아름다움을 관리하는 것은 정말 중요한 일이다. 본인이 어떤 타입 인지 정확히 알고 적용하는 것이 가장 중요하다.

4) 설문지를 이용한 체질 진단

아유르베다에 의한 실제 관리 시 보디 타입 설문

항목	VATA		PITTA		KAPHA	
1. 체격	체형에 비해 허벅지 발달 날씬하며 마른 편		체형에 비해 엉덩이가 작음 보통의 중간 체형		크고 단단함 비만함	
2. 눈	작고 둔함, 속눈썹이 가늘고 건조함, 눈동자 (갈색, 검정색)가 떠 있으면서 활기참, 공막(흰색, 회색, 푸름), 원시		날카롭고 예리함, 속눈썹의 숱이 적고 매끄러움, 눈동자(회갈색, 갈색)가 돌출되며 공막 (붉은색, 노란빛) (근시)		크고 선명하며 매력적 속눈썹이 길고 두꺼움 눈동자(흑색, 청색, 검은색), 눈이 붓는 경향 (정상)	
3. 치아	삐뚤고 고르지 못함(교정 필요) 크고 비어져 나옴		고르고 크기 적당 치아(1~2개 정도)가 불규칙, 누르스름한 빛깔		크거나 고르게 모인 치아 희고 강함	
4. 체중	체중 변화가 거의 없음		2~5kg 변화 마음먹기에 따라 체중 변화 가능		10kg 이상 변화 가능 잘 찌지만 빼기는 힘듬 살이 찌는 경향	
5. 소화력	보통		빠름		느림	
6. 수면	불안정한 얕은 잠 불규칙하고 짧고 중간에 자주 깸 5~7시간		짧지만 깊은 잠 6~8시간		길고 깊으며 일어나기 어려움, 충분한 숙면 8시간 이상	
7. 대변	장의 움직임이 불규칙 긴장되고 딱딱하고 마른 상태, 가스가 자주 생기며 변비가 생김, 배변 일이 3일 이상 지나도 불편하지 않음		장이 느슨해서 하루 2회 이상 양이 많고 묽고 가늘고 매끈(설사)함		장 운동 크고 규칙적 배설 속도 느림 두껍고 매끈함	
8. 두통	자주 어지러움		가끔 어지러움		머리가 무겁고 편두통이 있음	

*자신의 상태와 같은 곳에 체크하시오

5) 각 도샤별 속성의 특징

구분	VATA	PITTA	KAPHA
다리	작고 단단함	다부지지 못하고 부드러움	단단하고 균형 잡히고 둥글다
발	차고 건조하고 거침	중간, 부드럽고 핑크색	크고 두툼하고 잘 결합됨
관절	얇고 작고 소리남	중간, 부드럽고 다부지지 못함	크고, 두툼하고 잘 결합됨
인대	명료하게 보임	중간 정도	잘 보이지 않음
혈관	얕게 떠 있으며 그물처럼 보인다	중간 정도	깊이 있어서 보기 힘듦
복부	야위고 딱딱함	중간 정도	깊이 있어서 보기 힘듦
식욕	야위고 딱딱함	중간 정도	살찌고 부드럽다
목소리	불규칙, 별스러움	강하다. 못 먹었을 때 더욱 드러남	일정, 식사를 안 해도 큰 변화가 적다
대화	약하고 낮으며 목 쉰소리, 떨리는 소리(말이 힝힝하듯), 우는 소리	날카롭고 고음	기쁘고 깊고 낭랑한 소리
기호(맛)	수다스럽고 빠르며 끼어들기 좋아함	정확하고 따지기 좋아하며 설득력 있고 날카로우며 웃기 잘함	느리고 반복적이며 낮고 조화롭다. 노래하듯
수면	단절, 불면 5~7시간	정상 6~8시간	숙면, 깨기가 힘들 정도
기억력	짧다, 잘 잊음	보통, 명료함	길다
스트레스에 대한 감정 반응	공포, 근심, 걱정	분노, 질투, 불안	만족, 단아함, 느림
정신적 성향 꿈	의문형, 이론적, 비행, 질주, 공포, 악몽	결단형, 예리한, 분별, 분노, 폭력, 태양, 열정적	논리적, 완고함, 낭만, 물, 바다, 감성적
정력[性]	잦은 열망, 낮은 에너지	중간, 격정적, 열정적	주기적, 가끔, 좋은 힘, 헌신적
경제성	빨리 소비, 가난, 푼돈형	중간형, 보유	저축형, 부유, 음식에 사용

걸음	잦고 짧은 보폭, 속도가 빠름	엄중하고 단호함, 중간	느리고 견실함, 우아
싫어하는 기후	춥거나 바람 불고 건조한 기후	덥고 햇볕 나는 기후	춥고 축축한 기후
질병 경향	신경계 질환, 동통, 관절염, 정신적 불안정	발열, 감염, 염증, 피부질환	호흡기질환, 천식부종, 비만
맥	빠르고 가늘다. 뱀 모양의 맥박	약동적이고 강하다. 개구리 맥박	느리고 깊다. 백조 맥박

6) 상담을 위한 속성별 심리적 접근

구분	VATA	PITTA	KAPHA
균형, 상태 긍정적 · 심리적 특성	고무적인, 명랑하게 하는 기민, 쾌활한, 낙천적인, 명쾌함, 융통성 있는, 원기 왕성, 상상력, 풍부한, 민감한, 자발적인, 솔선수범, 자발적	만족스런, 기쁨, 의협심이 강한, 유쾌한, 마음이 명쾌한, 지적인 매력 있게 보이는, 자제력 소유, 자신감 있는, 진취적인, 기쁨에 찬	차분한, 강한, 너그러운, 광대한, 용기 있는, 애정 어린, 온화한, 크고 부드러운 눈, 우아한 태도, 차분함, 끈길김, 동정적인, 외로움 多, 용기 있는, 너그러운, 애정 어린
정신적 징후	걱정, 불안, 지나침, 활동적인 마음, 성급함, 정신적 초월의 상실, 주의산만, 우울, 정신이상, 신경정신질환	분노, 적개심, 자기비판, 과민함 또는 성급함, 분개	우둔함, 정신적, 무기력, 무감동 상태와 우울증, 무관심, 과잉 집착
행동 상의 징후	불면증, 피로, 들떠 있음, 불안정, 식욕부진, 충동적임(신경성 위장)	성질의 돌발, 논쟁적인 태도, 난폭한 행동, 타인에 대한 비난, 지연되는 것을 견디지 못함	꾸물됨, 탐욕, 고집 부림, 강한 소유욕, 변화를 받아들이지 못함, 늦잠, 졸음, 느린 움직임, 아침에 만성적인 게으름
육체적 징후	변비, 건조, 거친 피부, 정력 부족, 에너지 상실, 고혈압, 장내 가스, 요통, 심한 생리통(월경전 증후근), 과민성 대장 증상&입술, 추위&바람에 못 견딤, 관련통, 관절염, 체중 감소, 쇠약, 해진 조직, 심한 통증, 신경통, 근육경련&쥐 발작, 오한, 떨림	피부염, 부스럼, 발진, 여드름, 과도한 허기, 갈증, 호흡불량, 체열감, 가슴앓이, 위산과다, 위궤양, 몸의 신 냄새, 직장 열, 치질, 얼룩덜룩한 안색, 열을 못 견딤, 충혈, 햇볕에 잘 탐(일사병), 샛노란 대소변, 이른 대머리&흰머리, 약시, 일 중독, 스트레스성 심장마비(A형 행동 양식)	추위와 습기 못 견딤, 부비강, 충혈과 콧물 흘림, 축농증, 정체 조직 내의 체액 부종, 폐울혈, 나쁜 피부색, 느슨하거나 아픈 관절, 높은 콜레스테롤, 사지의 무거움, 잦은 감기, 체중 증가, 알레르기 천식, 기침, 가래&몸 아픔, 낭종&여타 종양 등, 당뇨병, 비만, 관절통

균형 잡기	규칙적인 습관, 따뜻함(+습기), 조용함, 지속적인 영양공급, 음료에 유의(자극적인 것, 찬 것, 커피, 담배), stress에 덜 민감하도록 충분한 휴식-명상, prana yama nety	절제(대부분 일 중독자), 자연의 아름다움과 접촉, 시원함, 휴식＆활동의 균형, 여가에 대한 배려 자극을 줄일 것(얼음 물 X, 시지 않은 달콤한 음료 O), 과식 피할 것, 순수한 물, 음식, 공기, 명상, prana yama nety	자극, 규칙적인 운동, 다양한 경험, 식사, 따뜻함(태양, 온찜질 O), 건조함, 체중조절, 단 것 줄이기(벌꿀 O),명상, 건포, 마찰(garshna)nety, prana yama(garshna) V : 양쪽 콧구멍 P : 좌측 콧구멍 K : 우측 콧구멍

19. 차크라

1) 아유르베다에서의 차크라를 요법

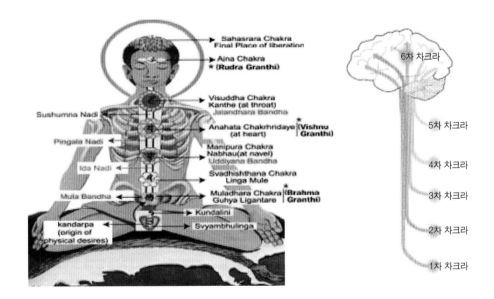

차크라는(Chakras) 산스크리트어로 바퀴 또는 원형의 의미를 지니고 있다. 우리 몸의 모든 것은 둥근 형상이며, 지속적으로 움직이고 있기 때문에 운동의 중심 센터들을 차크라라고 부른다. 우리 몸의 에너지는 차크라를 통해 운동하면서 다양한 정신 상태를 만들어 낸다.

각 의식이 지배하는 미세한 에너지 중심 센터이며 차크라는 교감신경계, 부교감신경계 및 자율신경계와도 상호 관계를 맺고 있으며 우리 온몸 구석구석과 긴밀히 연결을 맺고 있다. 피부미용에 일곱 차크라에 컬러 요법과 아로마 요법 또는 보석 요법을 이용한 몸과 마음과 영혼을 위한 피부미용에 접근해 볼 수 있다.

색은 심리뿐만 아니라 생리 현상에도 영향을 미친다. 캘리포니아의 로버트 제랄드 박사의 생리 연구 결과에 따르면 사람들은 빨간색에 노출될 때 화학적 신호가 뇌하수체 선으로부터 부신으로 전달되고 아드레날린이 분비된다. 이 결과로 혈압이 상승하고 호흡이 가빠지며, 자율신경계가 작용하여 반응이 자동적으로 일어난다. 그에 비해 파란색은 맥박을 느리게 하고, 체온을 낮추며, 식욕을 감퇴시킨다. 주황색의 생리적 영향들은 우선 식욕 조절 중추가 자극되고 식욕이 왕성해지며, 나른함을 유발하여 잠이 들 가능성이 높아진다. 또한, 초록색은 혈액의 히스타민 수준을 높이고 습진, 설사, 위장 질환의 고통을 줄이고, 시각의 정확도를 향상시키는 시계 화학물을 생성시킨다.

(1) 일곱 개의 차크라

인체 내에는 일곱 개의 차크라가 존재하며 물라다라 차크라, 스바디스타나 차크라 마니푸라 차크라, 아나하타 차크라, 비슈다 차크라, 아즈나 차크라, 사하스라라 차크라이다.

■ 고유 에너지 색
① 물라다라 차크라 : 빨강
② 스바디스타나 차크라 : 주황
③ 마니푸라 차크라 : 노랑
④ 아나하타 차크라 : 초록
⑤ 비슈다 차크라 : 파랑
⑥ 아즈나 차크라 : 남색
⑦ 사하스라라 차크라 : 보라

하지만 한 사람 한 사람이 지·수·화·풍·공의 5원소의 에너지가 다른데 기본 차크라를 그대로 적용한다면 정신적 육체적 혼란이 올 것이다. 아유르베다에서 체질별로 개인의 감정 상태에 따라 다른 차크라 관리법이 있다. 사람의 감정은 시시때때로 변화함을 잊지 말아야겠다.

컬러 요법이나 아로마 요법 및 다양한 요법을 실시하는 피부관리실에서의 방법을 좀 더 구체적인 방법으로 발전시킬 수 있는 미용 프로그램 및 특히 상담 등에서 보다 더욱 다양하게 접목할 수 있을 것이다.

(2) 차크라의 해석

다음은 각 차크라의 의미이다.

피부관리실에 방문하는 고객들이 어떤 차크라에 감정 상태나 어떤 생리학적인 문제로 피부 문제를 안고 있는지 문진하여 차크라 관리를 해준다면 스트레스로부터 해방되어 마음 상태도 고양되고 진정 자신 스스로의 정신적 육체적 밸런스가 맞춰지면서 맑은 피부로의 귀환이 될 것이다.

① 물라다라 차크라(Muladhara Chakra)

나는 가지고 싶다-소유에 관한 욕구.

② 스와디히스타나 차크라(Svadhisthana Chakra)

나는 느끼고 싶다.

감정상의 욕구를 충족시키고자 한다.

③ 마니푸라 차크라(Manipura Chakra)

나는 할 수 있다.

일에 대한 성취 욕구를 위해 분주하게 열과 성의를 다한다.

④ 아나하타 차크라(Anahata Chakra)

나는 사랑한다.

나는 물론 남들과 세상에 존재하는 모든 것에 대한 사랑을 의미한다.

처음에는 나 그리고 다른 한 개인에서 점차 의식의 진화가 일어나면 모든 존재들을 사랑하게 된다.

숲 속의 새와 꽃들, 흐르는 물소리, 바람 소리, 잘생겼든 못생겼든 모든 생명이 있는 것들에 대한 연민의 정이 생기고 무조건적인 사랑이 싹트게 된다.

⑤ 비슈다 차크라(Visuddha Chakra)

나는 이해한다.

세상에 대한 지식과 무한한 우주에 대한 지식들이 지혜로 바뀌게 되는 시점이다.

⑥ 아즈나 차크라(Ajna Chakra)

나는 본다.

세상이 참다운 질서로 운행되고 온갖 사물들이 모두 하나의 법칙으로 움직이는 것을 보게 된다. 그냥 있는 그대로 사랑스러운 모습을 바로 보게 된다.

⑦ 사하스라라 차크라(Shasrara Chakra)

나는 안다. 세상의 온갖 이치가 저절로 알아지고, 시비 분별이 사라지고, 있는 그 대로 인정하고 생긴 그대로 그 안에 온갖 질서가 갈무리되어 있음을 알고, 자연스 럽게 응해서 살아가게 된다.

2) 아유르베다를 이용한 통합 피부미용 관리법

차크라 적용법

차크라	바타 체질 컬러	바타 체질 아로마	피타 체질 컬러	피타 체질 아로마	카파 체질 컬러	카파 체질 아로마
1번 차크라	빨강, 주황, 보라	샌들우드, 마조람	빨강, 주황	몰약, 로즈메리	주황	라벤더, 펜넬
2번 차크라	주황	클라리 세이지	주황	마조람, 티트리	주황	오렌지 주니퍼
3번 차크라	노랑, 주황	펜넬, 바질	그린	캐모마일, 레몬	주황	진저, 로즈메리
4번 차크라	그린	사이프러스	핑크	오렌지, 펜넬	그린	그레이프룻
5번 차크라	블루	몰약, 일랑일랑	그린	그레이프룻	블루	프랑킨센스
6번 차크라	남색	샌들우드, 캐모마일	남색	캐모마일, 라벤더	남색, 그린	제라늄, 라벤더
7번 차크라	보라	로즈메리	보라	페퍼민트, 타임	보라	프랑킨센스

BEAUTYTHERAPY 2

컬러 요법

PART 2

컬러 요법

1. 컬러 요법의 개요

태양의 빛은 시시각각으로 변하면서 자신의 생명과 사랑을 빛을 통해서 다양한 색조로 우리에게 선사하고 있다. 태양은 인간에게는 생명 그 자체이고 사랑의 대변자이다. 컬러 요법에서는 이 태양의 힘인 일곱 무지개색을 통해서 몸과 마음의 영양소로 작용하게 하여 건강을 관리하고 넘치는 힘을 발휘하게 한다. 따라서 컬러를 실어 보내는 빛은 우리에게 삶의 희망을 주고, 지친 영혼에 생기를 넣어주기 때문에 컬러 요법의 새로운 시대가 열리고 있는 것이다.

주변의 어둠 속에 사물들이 그렇게 보고자 해도 안 보이던 것이 해가 솟아오르는 여명기에부터 벌써 서서히 밝아져, 보고자 하지 않아도 저절로 자신들의 모습이 드러나는 것을 보고, 어둠을 비추는 밝은 빛이 바로 7개로 나누어지는 것이 무지개색이다. 이 무지개색이 이리저리 조합되어 우리 눈에 보이는 것이 바로 무수한 컬러이다. 컬러는 하늘에서 인간에게 주는 선물이며, 인생은 이 빛을 소모하면서 살아가는 존재라고 할 수 있겠다. 이 빛을 색깔별로 응용하고 그 색을 통해서 인간의 애환을 풀어나가는 것이 바로 컬러 요법인 것이다

예를 들면, 왜 빨간색을 보면 흥분이 되고 남자들은 여자들의 빨간 립스틱에 마음이 동해서 괜스레 손을 잡고 싶고 함께 차를 마시고 싶어 한다. 사람들은 알려주지 않아도 저 스스로 사랑받고 싶을 때는 핑크색의 옷을 옷장에서 무의식적으로 집어든다. 열정

적인 사랑하고 싶을 때는 빨간색의 옷을 찾게 되고, 생명이 꺼져가는 것이 안타까운 사람들도 이 밝고 환한 빨간색을 입어 스스로 생명의 기운을 얻고자 한다.

심한 스트레스나 긴장감 속에 사는 사람들은 자신도 모르게 그린색을 찾아 입고 스스로 쉴 수 있는 마음의 상태를 찾곤 한다. 이것은 의학적으로 몸의 평형을 이루고자 하는 항상성 기능이 정상적으로 발휘되는 사람에 한에서 일어나는 현상이다. 그러나 이것이 자율적으로 일어나지 않는 경우에는 킬러 요법의 전문가와 상담 해서 자신의 심리 상태나 감정 상태 또는 육체적인 상태를 바르게 평가를 받은 후에 알맞은 색을 안내받는 것이 필요하다.

나이가 들어감에 따라 밝은 붉은색을 선호하는 사람은 건강한 사람이고, 어둡고 칙칙한 색을 찾는 사람은 반대로 건강을 잃어간다는 신호로도 볼 수 있다. 핑크색을 유난히 좋아하는 사람은 사랑을 주고받는 일에 목말라 함을 알 수가 있다. 이때는 가슴과 가슴 사이 중앙에 핑크 컬러의 파장을 넣어주면 고객들은 사랑을 아낄 수밖에 없었던 순간들을 안타까워하며 눈물을 흘린다. 이별의 상처로 자신도 모르는 사이 피부색이 어두워지고 표피가 민감해져 가는 피부 문제도 핑크 컬러를 쏘이게 되면 피부색이 밝아지면서 마음속에 새로운 사랑에 대한 관심이 생겨날 수 있다.

피부에 컬러를 쏘이는 경우는 마사지와 화장품이 주는 효능의 한계를 뛰어넘어 어쩌면 의식에 변화를 주어 감정과 마음에까지 영향을 미쳐 마음과 피부가 동시에 맑아지게 되는 것이라 할 수 있다. 피부관리숍을 찾는 고객들과의 상담에서 고객들의 다양한 심리 상태로 마음과 감정에 혼란을 균형 잡아 조화로운 몸과 마음을 갖게 되는 것에 모두들 공감한다. 고객들은 컬러테라피와 아로마테라피를 위한 상담 그 자체만으로도 행복해하며 따뜻한 그동안 억압당했던 심리 상태를 들어낸다. 이때 자연스럽게 이끌어내주며 실질적인 관리로 이루어져 궁극적으로 맑은 피부 상태를 얻게 되는 것이다.

사람들은 자신들의 생각과 놓인 현실에 스스로를 얽매고 스트레스 속에서 불평과 불만을 토로하며 경직된 하루하루를 살아가고 있다. 스트레스는 불안, 걱정을 더욱 가중시키고 이로 인해서 신장과 방광의 기능이 제 역할을 잃어버리고, 또 지속되는 분노를 참으며 짜증과 신경질을 내다보면 간장과 담 기능에 무리가 가게 되어 온몸에 피로가 심하게 나타나게 된다.

또는 자신을 알아주는 이가 없어 우울해하면 폐가 상하고, 화가 나도 화를 안으로 삭

히면 심장에 무리가 가서 심장질환을 유발할 수도 있게 되며, 소화하기 힘든 감정이나 생각들이 많으면 비장 위장의 기능이 약해져 구토나 소화불량, 역류성 식도염 등의 질병에 노출될 수밖에 없다고 한의학에서도 말한다. 인간이 살아 있는 동안 겪는 모든 좋지 않은 사건이나 경험들은 뇌 속이나 세포 조직 속에 저장되기 때문에 컬러 요법을 통해서 이에 알맞은 컬러를 쏘여 주게 되면 세포 내 잘못된 정보의 기억들을 소거시켜 생리적 심리적인 증상들을 완화시키는데 큰 영향을 미친다고 볼 수 있다.

색깔은 빛을 볼 수 있는 부분의 일정 지역, 즉 파장이 760.8nm(빨강)에서 393.4nm(보라) 사이에 있는 부분에서만 형성된다. 따라서 각각의 색깔은 빛의 특정 파장에 의해 나타나는 것이며, 빛과 색깔이 없이는 생명체도 존재할 수 없으므로 빛과 색은 우리의 생존에 있어서는 아주 중요한 것이다. 빛의 질 또한 호르몬 계통에서 매우 중요하다. 존 오트 혹은 프리츠 홀 위치 박사 등이 행한 임상실험 연구에서 입증된 바에 의하면, 인공광선이 태양광선의 스펙트럼과 다를수록 호르몬의 조화에 좋지 않은 영향을 미친다고 했다.

따라서 직장이나 가정의 조명이 자연광의 스펙트럼에 유사할수록 피로와 정신적 스트레스가 적게 유발된다고 하므로 가정에서는 자연광의 바른 사용으로 미연에 피로와 질병에 노출되는 기회를 차단하는 것이 좋을 것으로 생각된다. 수 세기 동안의 연구 결과 색깔이 인체에 생리적, 심리적으로 미치는 영향에 대하여 효과가 밝혀졌으며, 최근 컬러 테라피는 피부, 비만관리를 위한 전신 피부미용 분야에서도 중요한 역할을 하고 있다.

신장의 에너지를 조절하는 컬러 요법의 예를 들기 전에 먼저 신장의 생리를 잠깐 살펴보고자 한다.

신장의 속은 신우, 피질, 수질로 나누어지는데 피질 속에 있는 신소체라는 곳에서 오줌을 걸러내고 있다. 오줌은 몸속에 생긴 노폐물이나 독이 있는 물질과 남아도는 물을 콩팥에서 걸러낸 것이다. 신은 몸 안에 수분의 양을 일정하게 보전하는 일을 하며, 염기, 즉 소금기를 몸 전체에서 고루 퍼지게 하고 산도를 조절하는 역할을 하고 있다. 고로 신장에 병이 생기면 오줌에 즉각 반응이 나타나고, 온몸에 붓는 증세가 오며, 염기와 산도가 지나치게 몸 안에 쌓이게 되어 혈압이 올라가게 된다. 신장은 그 밖의 다른 많은 기능들을 하지만 뼈와 그 속에 든 골수도 주관한다.

신장의 에너지가 실하고 약함은 머리털과도 직접 관계가 있으므로, 신장의 기가 왕성하면 머리털이 검고 윤택하며, 신장의 기가 쇠약하면 머리털이 쉽게 빠지고, 빛을 잃고 백발이 되기가 쉽다. 이를 관리하는 에너지 점들은 발목 안쪽에서 자신의 손가락 4개의 위에 경골 내측에 위치한 삼음교라고 하는 곳은 혈액 순환과 탁한 피를 맑게 해주고, 모자라는 기운을 보충해 주는 곳이다.

예를 들어 두피관리에서 의학세에서 탈모에 대한 연구는 많이 진행되었지만 대부분이 호르몬 요법을 이용한 약물 요법 등이 잘 알려져 있다. 현재 탈모에 대한 연구의 진행은 독일이 혈액 순환에 역점을 두어 선점을 취하고 있으나 일본, 미국, 우리나라 등에서도 이에 대한 연구를 활발하게 진행하여 혈액을 맑게 하는 것이 가장 좋은 탈모예방 및 관리 방법이라 결론짓고 있는 추세이다.

탈모에 효과적인 컬러 요법을 살펴보면, 녹색과 오렌지의 파장을 우리 몸의 특수한 에너지 점에 적절히 사용하면 남녀 탈모관리나 예방에 효과가 좋으며 특히 두피와 전신의 피부를 맑게 해주고, 보습 효과도 좋으며 탄력까지 유지하게 하는 아주 중요한 에너지 공급 방법이 된다.

팔 외측 팔꿈치 부근에 위치한 곡지라는 에너지 점을 녹색으로 자극하면 화가 나서 얼굴로 올라간 열을 내려주고, 몸 안에 넘쳐나는 습기를 말려주고, 맑은 정신 상태를 유지하게 하므로 이 에너지 점을 잘 사용한다면 혈액 순환의 문제로 인한 여드름(Acne)이나 붉은 피부 (Cuperose)에도 효과가 기대된다. 현재 이러한 다양한 임상들의 과학적 입증을 위해 향장미용학 분야에서 많은 연구가 절실히 필요하다.

2. 컬러의 생리학적 효과

컬러의 생리학적 효과로는 전자기적 효과와 마찬가지로 몸 안의 산과 알칼리 균형을 바로잡는 데 있다. 일반적으로 산성 상태가 높은 경우에는 고열과 부종, 염증을 일으킬 수 있다. 이때 Red 컬러를 과도하게 사용하게 될 경우에는 위의 상태를 악화시킬 수 있다. 이 전기적 양극 측면에 놓이는 Red, Orange, Yellow 등을 컬러 요법에서는 양(陽) 에너지라고 한다.

컬러의 양(陽) 에너지인 Red, Orange, Yellow는 신진대사를 활성화시키고 체내에 염증 또는 화농이 있을 경우에는 상태를 더 악화시킬 수 있다.

Red는 호흡을 가빠지게 하고 혈압을 높이며 혈액의 흐름을 빠르게 하고 감각기관을 애민하게 한다.

Orange는 식욕 조절 중추를 자극하여 식욕을 왕성하게 하며 수면을 유도한다. 칼슘의 신진대사를 돕고 모유 분비를 촉진하며 폐를 확장시키는 작용이 있다.

Yellow는 알레르기 반응을 심하게 하고 운동신경을 활성화하며 소화를 촉진한다. 배변과 하제 역할을 하며 피부를 자극해 배설 및 정화작용도 한다. 상처를 회복시키는 기능도 있다. 극도의 흥분 상태나 심장이 두근거릴 때는 사용을 금한다.

알칼리 수준이 높은 경우(몸 안에 Blue가 너무 과다한 경우)에는 과도한 상태의 흥분, 염증 등을 진정 및 이완을 유도한다. 이런 경우에는 전기적 음극 측면에 놓이는 Blue, Violet, Indigo 등이며 이것을 컬러 요법에서는 음(陰) 에너지라고 한다.

Blue는 몸과 마음에 흥분을 가라앉히고 시원하게 하는 효과가 있다. 피부의 색깔을 유지시켜 주며 간 질환의 치료에 도움이 되고 과중된 피타를 완화시킨다.

Violet은 인간의 의식을 각성시키며 몸을 가볍게 하고 과중된 피타를 완화시킨다.

Indigo는 혈액을 정화하고 식세포(혈액이나 조직 내의 세포 또는 박테리아를 먹고 전염을 막아주는 백혈구)를 생성시키며 지혈 효과가 있다. 또한, 부종도 경감시키고 마음을 평온하게 하며 세균 박테리아에 대항하는 능력이 있다.

이들의 음성(陰性) 에너지는 체내의 기능 항진, 염증, 화농 등에 진정 효과를 가지고 있다.

컬러의 중성 에너지는 산과 알칼리의 중간에 위치하며 중화시키는 작용을 한다.

이 중성 컬러에는 Green이 있다. Green은 뇌를 자극해서 흥분과 긴장을 완화시키며 감정을 누그러뜨리고 마음에 행복을 가져다준다. 스트레스를 해소시키는 기능이 있다. 살균 소독과 세포 조직을 재생시키며 방부제 역할도 한다. 중성 에너지의 사용 방법은 양성, 음성 에너지의 중간 역할을 하므로 상태에 따라 적용하면 더욱 효과적이다.

3. 실제 컬러 요법

치료 방법으로는 우리 몸의 각 구성 요소들은 독특한 파장의 컬러를 가지고 있는데

이 컬러의 파장이 서로 색을 이루어 어떤 결과가 보이는 방법이다.

컬러 치료를 하는 방법은 우선 방을 어둡게 한 후 식전 또는 식후 2시간 정도 지나서 하며 치료 시간은 1시간 이내로 너무 강한 불빛은 피하는 것이 좋다.

실내 온도는 28℃로 유지한다. 침대에서의 머리 방향은 북쪽을 향하게 한다.

컬러에는 Red, Orange, Yellow, Green, Violet 등 원색이 있고 이들을 혼합하여 원하는 다른 컬러를 만들어 사용할 수도 있다.

균형 있는 밝기와 분광 순도를 같는 산란 스크린에 통과된 컬러를 이용한다. 즉, Red의 경우 내분비선인 뇌하수체선은 Red에 노출될 때 동작한다. 단 수분의 일초 이내에 화학적 신호가 뇌하수체선으로부터 부신으로 전달되고 에피네프린(아드레날린)이 분비된다. 아드레날린은 혈류를 통해 흐르며 신진대사의 영향과 함께 특정한 생리적 변화를 일으킨다. Green의 경우 혈액 히스타민 수준이 올라간다. 히스타민은 인체의 거의 모든 조직에서 발견되는 화합물로서 주로 혈관의 팽창과 폐와 같은 부드러운 근육의 수축과 관련이 있다. 히스타민은 염증의 중요한 중재자이며 피부가 손상되었을 때 다량으로 분비되어 붉은빛이나 부스럼과 같은 피부 반응을 일으킨다.

컬러 요법을 통해서 인간의 감정적 스트레스에 의한 피부질환 및 기타 질병들이 치료되는 기전은 이와 같이 내분비 계통과 자율신경 계통을 조절하는 시상하부의 컬러가 영향을 미쳐 효과적인 항상성 유지 기능을 담당하고 있기 때문이다.

컬러의 생리학적 효과로는 전자기적 효과와 마찬가지로 몸 안에 산과 알칼리의 균형을 바로잡는 데 있다. 일반적으로 산성 상태가 높은 경우에는 고열과 부종, 염증을 일으킬 수 있다. 이때 Red 컬러를 과도하게 사용하게 될 경우에는 위의 상태를 악화시킬 수 있다. 이 전기적 양극 측면에 놓이는 Red, Orange, Yellow 등을 컬러 요법에서는 양 에너지라고 한다. 컬러의 양 에너지인 Red, Orange, Yellow는 신진대사를 활성화시키고 체내에 염증 또는 화농이 있을 경우에는 상태를 더 악화시킬 수 있다.

Red는 호흡을 가빠지게 하고 혈압을 높이며 혈액의 흐름을 빠르게 하고 감각기관을 예민하게 한다. Orange는 식욕 조절 중추를 자극하여 식욕을 왕성하게 하며 수면을 유도한다. 칼슘의 신진대사를 돕고 모유 분비를 촉진하며 폐를 확장시키는 작용이 있다. Yellow는 알레르기 반응을 심하게 하고 운동신경을 활성화하며 소화를 촉진한다. 배변과 하제 역할을 하며 피부를 자극해 배설 및 정화작용도 한다. 상처를 회복시키는 기능도 있다. 극도의 홍분 상태나 심장이 두근거릴 때는 사용을 금한다.

알칼리 수준이 높은 경우(몸 안에 Blue가 너무 과다한 경우)에는 과도한 상태의 홍분, 염증 등을 진정 및 이완을 유도한다. 이런 경우에는 전기적 음극 측면에 놓이는 Blue, Violet, Indigo 등이며 이것을 컬러 요법에서는 음 에너지라고 한다.

Blue는 몸과 마음에 홍분을 가라앉히고 시원하게 하는 효과가 있다. 피부의 색깔을 유지시켜 주며 간 질환의 치료에 도움이 되고 과중된 피타를 완화시킨다. Violet는 인간의 의식을 각성시키며 몸을 가볍게 하고 과중된 피타를 완화시킨다. Indigo는 혈액을 정화하고 식세포(혈액이나 조직 내의 세포 또는 박테리아를 먹고 전염을 막아주는 백혈구)를 생성시키며 지혈 효과가 있다. 또한, 부종도 경감시키고 마음을 평온하게 하며 세균 박테리아에 대항하는 능력이 있다.

이들의 음성 에너지는 체내의 기능 항진, 염증, 화농 등에 진정 효과를 가지고 있다.

컬러의 중성 에너지는 산과 알칼리의 중간에 위치하며 중화시키는 작용을 한다.

이 중성 컬러에는 Green이 있다. Green은 뇌를 자극해서 홍분과 긴장을 완화시키며 감정을 누그러뜨리고 마음의 행복을 가져다준다. 스트레스를 해소시키는 기능이 있다. 살균 소독과 세포 조직을 재생시키며 방부제 역할을 한다. 중성 에너지의 사용 방법은 양성, 음성 에너지의 중간 역할을 하므로 상태에 따라 적용한다.

4. 컬러의 각론

1) R-레드

(1) 감각 신경계를 자극

(눈, 귀, 피부를 통한 접촉, 맛, 냄새들의 기능을 활성화한다.)

*요즈음 보톡스 주사 후에 오는 운동신경 마비가 부작용인데 장기간 주사를 맞을 경우에는 감각 신경까지도 마비된다고 한다. 이때 이 레드 컬러의 효과를 기대해 보는 것도 생각해 볼 필요가 있다.

(2) 간이 허한 경우 건강하게 한다. 배가 고플 때 간에 에너지를 넣으면 배고픔이 사라진다.

(3) 헤모글로빈, 혈소판 생성

(4) 피부를 통해서 피지(파면, 부스러기)를 빨리 추방하는 요인을 제공한다.
(피부가 붉어지고, 가렵고, 여드름이 나는 것은 실은 안 좋은 것이 아니고 이런 노폐물을 배설하기 위한 자연 치유 과정의 일부일 뿐이다.)

(5) 내적인 청소 과정이 완전해질 때까지 위의 여드름, 피부발진, 가려움 등이 생길 수 있다.

(6) 레드는 자극제이기 때문에 화농을 일으키는 역할도 한다. 만약 빨리 화농시켜 짜 버려야 한다면 레드를 쏴서 화농을 더 촉진시킨 다음 짜 버려야 한다.

(7) 이것은 홍역에 더 덥게 해서 땀을 내는 것과 같은 이치이다.

2) O-오렌지

(1) 폐를 확장시킨다.

(2) 갑상선 자극

(3) 부갑상선 억제

(4) 근육이 쥐나거나 경련이 일어나는 것을 진정시킨다. (항 경련제 역할)

(5) 유선 자극, 유즙 분비 촉진

(6) 위산을 자극하므로 위염이 있을 때는 사용 금지할 것

(7) 위장 안에 맞지 않는 물질이 있으면 빨리 토하게 해준다.

(8) 소화기 내에 가스, 복부 팽만에 좋다.

(9) 뼈를 강하게 하고 뼈의 연약함을 교정한다.

(10) 비타민 D 부족에 의한 등 굽은 병(구루병)에 도움이 될 수 있다.

(11) 조직을 자극한다.

(12) 충혈을 제거한다.

3) Y-옐로

(1) 운동신경을 자극 근육을 활성화한다.

(2) 림프계통을 자극하고 미세 조직을 자극한다.

(3) 장, 췌장을 자극하고 소화액 생산을 돕는다. (소음인에 좋다.)

(4) 장운동 증가

(5) 비장을 과잉 활동시킨다. (소양인에게는 별 도움이 안 된다.)

(6) 우울증에 도움이 된다. (간으로 통하는 문맥 순환을 증진시켜 균형을 잡는다.)

(7) 기생충과 벌레를 내쫓는다.

4) M-마젠타

(1) 감정적 평형을 유지하고 오오라를 강화시킨다.

(2) 심장, 혈액 순환, 신장, 부신, 생식기계 등에 과 활동을 평정시키고 재건의 작용도 있다.

5) PL-퍼플

(1) 신장과 부신의 진정제 역할

(2) 통증에 대한 과민함을 감소시킨다.

(3) 수면과 이완을 유도한다.

(4) 정맥의 활동을 증가시킨다.

(5) 3가지 효과로 혈압을 내려준다.

(6) 혈관을 이완시킨다.

(7) 심장 박동률을 감소시킨다.

(8) 부신과 신장의 활동을 감소시킨다. (맹유, 지실, 신유에 조사)

(9) 체온을 내려준다.

(10) 말라리아를 예방하고 말라리아에 의한 고혈압과 열을 내려준다.

(11) 점액이 없는 마른기침에는 퍼플이 좋다.

6) S-스칼렛

(1) 신장, 부신을 자극·보호한다.

(2) 전반적으로 자극 효과

(3) 동맥을 수축시키는 작용이 있다.

(4) 3가지 효과에 의해 혈압을 올린다

　　① 혈관 수축작용

② 심박동 증가

③ 신장 부신의 활동을 자극한다.

(5) 분만 시 아기를 쉽게 낳게 한다.

(6) 감정적 자극작용이 있다.

(7) 성욕이 없을 때

7) V-바이올렛

(1) 비장을 재생시키고 자극한다.

(2) 근육의 과긴장에 의한 통증에 사용

(3) 심장의 과잉 흥분 시 사용

(4) 림프선 부은 것을 진정시킨다.

(5) 췌장의 흥분을 진정시킨다.

(6) 신경계통의 활동을 감소시키며 고요하게 해준다.

(7) 백혈구 생산 증진

(8) 응용법-바이올렛으로 힘이 강해지면 그 부위는 면역계를 강화시킬 필요가 있음을 알리는 신호로 볼 것

8) P-핑크

(1) 신장에 사용한다. 단 흥분이 된 경우에는 사용을 삼간다.

9) B-블루

(1) 열과 염증을 제거하거나 진정시킨다.

(2) 송과선을 자극한다.

(3) 가려움, 피부 표면이 문질러 벗겨진 데 크리스털 필링 후에 붉어진 피부에 열감을 진정시킨다.

10) I-인디고

(1) 부갑상선의 자극

(2) 갑상선은 억제

(3) 과호흡 시 호흡 억제

(4) 떫은맛의 작용을 한다.

(5) 해열의 효과

(6) 수축을 야기한다.

(7) 농양, 분비액을 줄인다.

(8) 박테리아, 세균, 병원균, 해로운 미생물을 파괴하는 식균작용 증진

(9) 유선 억제로 유즙 분비 억제한다. 산후 젖 말리고 싶을 때 사용한다.

(10) 과도한 활동-흥분하는 성격을 진정시킨다.

TIP 장부의 모혈에 컬러 응용 요법

각 장부에 오링 테스트 시 힘이 강해지면 해당 장기의 과도한 활동, 흥분 상태에 있음을 알 수 있다. 인디고를 해당 힘이 생긴 장기에 지속적으로 사용한다.

예) 간-기문, 심-거궐, 비-장문, 대횡, 폐-중부, 신-맹유, 경문 등의 모혈에 테스트한다. 만약 오링이 강해지면 항진 상태고 약해지면 저하된 상태로 볼 수 있다.

항진 상태는 Cool Colors 적용

저하 상태는 Warm Colors 적용

---

11) T-터키

(1) 급성 상태의 질환에 수복과 영양 과정에 호의적인 변화를 일으킨다.

(2) 뇌의 흥분을 억제해 이완시키는 효과

(3) 피부 강장 효과(화상을 입은 피부의 재생을 촉진한다.)

(4) 열에 의해서 피부가 늘어지는데 터키를 사용해서 피부의 탄력을 높일 수 있다.

12) G-그린

(1) 뇌의 평형을 이루어 준다. (육체적인 평형, 몸의 전면에 사용한다.)

(2) 뇌하수체 자극

(3) 근육과 조직의 재생을 촉진

(4) 미세 미생물의 파괴, 세균, 박테리아, 정화작용(방부제, 감염 방지, 박멸 효과)

만약 그린으로 테스트 시 힘이 증가된다면 체내 근조직이나 장기 수준에 감염, 박테리아 다른 균들에 의한 문제가 있음을 알 수 있다.

13) L-레몬

(1) 혈액의 응어리를 녹여준다.

(2) 혈해와 격유의 압통 시 사용

(3) 폐와 공기 통로에 체액과 점액을 쫓아내는 기능이 있다.

(4) 벼의 생성-인의 효과로 인한 작용

(5) 뇌를 자극, 흉선을 자극-면역력을 높인다.

(6) 가벼운 하제로도 작용한다.

(7) 만성적이고 지속적인 몸의 이상을 고치고자 할 때 사용한다.

(8) 영양 과정에 변화를 준다.

14) VR-청록

(1) 림프 내에 세균이 있거나 열을 제거하며 정화시켜야 할 때 사용(림프정에서 + 로 빠질 때 배농을 해야 할 경우에 사용한다.)

15) IG-연두색(아이스그린)

(1) 림프 배농 시 청록보다 정화가 우선인 경우에 사용

16) IB-아이스블루

(1) 블루 사용이 너무 냉할 때 사용한다.

(2) 소양인을 진정시킬 때 주로 사용하면 좋다.

(3) 토음인의 폐 기능을 진정시킬 때 도움이 된다.

5. 색채(color)가 피부에 미치는 범위와 효과

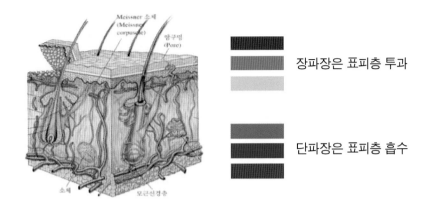

장파장은 표피층 투과

단파장은 표피층 흡수

6. 색채별 음식이 피부에 미치는 영향

적색
• 비타민 B 풍부
• 장기능에 도움

보라색
• 비타민 A
• 식이섬유
• 플라보노이드

• 항산화(노화 방지)
• 구루병 예방
• 색소침착 예방

주황색
• 비타민 B, C 풍부

초록색
• 비타민 A, C 풍부
• 철분, 엽산

다이어트에서 피해야 할 색

 Red : 모든 음식의 맛을 돋우는 작용

Orange : 식욕을 촉진시키고 포만감을 느끼지 못하여 과식할 수 있음

Yellow : 시각적으로 음식의 맛을 향상

다이어트에 효과 있는 색

Bule : 시원하고 상큼하면서 감정을 가라앉힘

Green : 짙은 녹색은 쓴맛을 내며 식욕 억제 효과가 있음

Violet : 쓴맛과 동시에 음식이 상한 느낌을 주는 색

Black : 쓴맛과 부패한 느낌을 주어 식욕 억제 효과가 있음

7. 색채 요법이 생리적 심리 상태에 미치는 영향

구분	영향
적색	• 아드레날린이 분비됨 • 혈압이 상승하고 호흡이 빨라짐 • 자율신경계가 작용하여 자동 반응
주황색	• 갑상선 자극 부갑상선 억세 • 식욕 조절 중추를 자극
노랑색	• 운동신경 자극, 근육 활성화, 소화액 생산에 도움
초록색	• 혈액의 히스타민 수준을 높임 • 습진, 설사, 위장질환의 고통을 감소 • 시각의 정확도를 향상시키는 데 도움
파란색	• 파란색은 맥박을 느리게 함 • 체온을 낮춤

8. 컬러테라피를 이용한 한방 피부미용

한의학에서의 음양오행설에 따른 오장육부의 색채 응용 방법

구분	간, 담	비, 위	심, 소장	폐, 대장	신, 방광
항진	초록색	노랑색	적색	흰색	남색
저하	주황색	파란색	보라색	적색	주황색

9. 컬러테라피를 이용한 피부미용 임상 사례 효과

■ Red : 잔주름 완화, 노화 피부
■ Orange : 안면 V라인 관리, 탄력, 필링 5일 후 재생 효과 탁월
■ Yellow : 근육 강화, 수분 공급, 안색 정화
■ Bule : 자외선에 의한 붉음증, 필링 후 다음 날
■ Green : 피부 진정, 여드름 피부 정화, 재생
■ Violet : 다크서클 흉터 재생
■ Indigo : 피지 감소 및 염증성 여드름 완화

10. 컬러테라피 기기를 이용한 피부관리

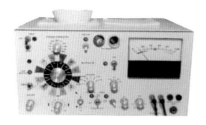 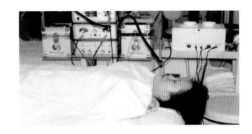

효과 : 노화 방지, 신경·근육·혈관의 이완 및 긴장, 림프 배농

11. 컬러 요법을 이용한 차크라 실제 응용법

차크라(chakra)는 에너지 센터, 모든 에너지의 통로, 소통의 장이라고 할 수 있다. 차크라에 관한 이론들은 인간의 육체와 정식을 하나로 연결하는 시스템, 때로는 나마루파라 불리는 것에 맞춘다. 에너지의 중심으로서 차크라의 철학적인 이론과 모델은 고대 인도에서 처음 성문화되었다.

1. 물라다라 차크라   → 생식기의 문제
2. 스와디스타나 차크라   (소변, 소변, 생리통 등)소유에 대한 욕구,
3. 마나프라 차크라   물질적, 실질적, 가지고 싶은 것

4. 아나하타 차크라
5. 바슈디 차크라   → 마음, 내면, 정신적, 삶의 가치
6. 아즈나 차크라
7. 사하스하라 차크라

몸을 따뜻하게 해주는 차크라 = Red→Orange→Yellow

I have (나는 갖고 싶다!)

① 물라다라 차크라 = Red (생식기 관여)
- 열정이 있다, 많다, 존재하다.

- Red 과잉 시-공격적, 도둑질

  감정적으로 주위 사람을 이해하지 못함

  불안, 신경

  방광염, 냉, 생리 無

  망한 사람이 많음

- 지방 분해
- 욕심 多 - 자궁근종
- 농이 된 염증에 효과(하지만 병이 생긴 경우 Red는 과잉! 염증이 있을 경우 -Red는 안 되고 대신 Indigo를 씀)
- 오래 있었던 감정을 줄 땐 뜨거운 색(길지만 짧게 있던 느낌을 줄 때-그린, 블루)

I feel (나는 느끼고 싶다!)

② 스와디히스타나 차크라 = Orange (감정)

- 피부-콜라겐 생성, 아토피 피부 재생, 세포 재생, 진피 효과
- 비만 관리 시 사용-셀룰라이트 억제, 생성 저해, 분해
- 몸을 따뜻하게 해줌
- 면역력 증가
- 림프 순환·혈액 순환 촉진
- 교감신경 Down 시 올려줌
- 우울증 해소·행복감 ↑
- 성장기 어린이-성장판 열어주고 성장호르몬 분비에 도움
- 성인-소변 & 대변이 잘 나오지 않을 때, 변비에 큰 도움을 줌
- 부종 & 붓기 제거에 도움
- 일에 미쳐서 살아가는 Pita에 감정을 실어줌
- 감성적, 욕구 충족

I can (나는 할 수 있다!)

③ 마니프라 차크라 = Yellow(소화)

- 생각, 근심, 걱정
- 신진대사 촉진
- 위장 소화력 촉진
- 근육 이완
- 염증 · 관절염
- 노폐물 배출 · 직접적인 이뇨작용 원활(물의 순환)
- 피부 - 기미에 효과적
- "생각해보고요."라고 말하는 사람은 3번 차크라의 불균형

※ Pitta는 Yellow는 과잉 Green을 쓰면 위산 과다를 줄일 수 있다.

I love (나는 사랑한다)

④ 아나하다 차크라 = Green(사랑)

- 정화, 노폐물 빼줌 (간에 혈점에 컬러를 쏘아줌.)
- 마음 - 연민, 무조건인 사랑, 진정, 평정을 찾을 수 있음
- 사랑을 뜻함
- Green + Pink - 사랑이 부족할 때 ♥사랑을 多

I understand (이해한다)

⑤ 비슈디 차크라 = Blue(갑상선)

- 열을 내림
- 너무 찬 것을 싫어하는 사람
- 면역력 저하
- 남을 이해하고 받아들임
- I understand!(나는 이해한다!) → 지혜로 바뀜

I see(나는 본다)

⑥ 아즈나 차크라 = Indigo(남색)

- 불만 없음
- 사랑스런 모습을 있는 그대로 봄

• 열을 내려줌

I know(나는 알다)

⑦ 사하스라라 차크라 = Violet

• 시비 분별이 사라짐, 있는 그대로 봄, 자연스럽게 응해서 살아감

• 의지할 때-정신적 지주

• 정신적으로 힘들어 보일 때

• 상처에 중요한 역할-깊은 상처, 지나간 상처, 오래된 상처

BEAUTYTHERAPY 3

한방 미용경락

PART 3
한방 미용경락

한방 미용과 경락

  한방 미용은 동양의학이라 불리는 한의학의 원리를 피부미용에 접목하여 한국의 에스테틱으로 발전하고 연구되고 있으며, 한의학의 이론을 이용하여 신체의 건강과 아름다움을 추구하는 것이다. 경락이라는 신체의 에너지 통로를 통하여 신체, 마음, 정신과 연결이 되어 정신적 육체적으로 함께 영향을 받고 있으며 현재 미용경락을 이용한 피부관리, 비만관리, 발관리, 전신관리, 색채 요법, 스톤 요법, 스파 요법 등 다양한 피부미용 요법에서 전반적인 피부관리와 건강관리에 긍정적인 영향을 미친다.

1. 음양오행(陰陽五行)

  음양오행설은 자연과학의 영역, 특히 의학자의 이론에 절대적인 영향을 미쳤다. 중국 의학에서는 인체의 내부와 자연계가 밀접한 관련이 있다고 믿었다. 즉 인체의 조직은 자연계의 음양오행에 적용된다고 믿었기 때문에 음양오행의 도식이 생리학의 도식으로 사용되기도 했다. 다섯 가지 오행, 즉 금(金), 수(水), 목(木), 화(火), 토(土)는 우주 만물을 형성하는데 금(金)은 수(水)와, 수는 목(木)과, 목은 화(火)와, 화는 토(土)와, 토는 금과 조화를 이룸을 이르는 말로 함께 공존하면서 살아간다는 의미를 가지고 있다. 또한, 음양오행설에서는 사계절의 변화가 인간의 생리적 변화에 영향을 미친다.

3. 한방 미용경락 | 67

1) 음양(陰陽)

모든 만물은 음양으로 구분된다. 하늘이 있으면 땅이 있고, 낮이 있으면 밤이 있다. 여름이 있으면 겨울이 있고, 오르막이 있으면 내리막이 있다. 움직여 동하는 것이 있으면 움직이지 않고 정지된 것이 있다. 삶이 있으면 죽음이 있는 등 우주의 모든 현상은 음양으로 구분되지 않는 것이 없다.

2) 사상(四象)

음양은 서로 대립적이면서도 상호 제휴를 하면서 만물을 형성해 간다. 양은 다시 양과 음으로 분리된다. 음 역시 양과 음으로 분리된다. 이를 사상(四象)이라고 한다. 사상은 곧 태양, 소음, 소양, 태음이다.

한의학(韓醫學)에서 사람의 체형을 태양인(太陽人), 소음인(少陰人), 소양인(少陽人), 태음인(太陰人)으로 분류하는 것도 바로 이와 같은 이치를 따른 것이다.

2. 음양의 대조

[음양대조표]

음(陰)	양(陽)	음(陰)	양(陽)
땅[地]	하늘[天]	장(臟)	부(腑)
여자[女] 밤[夜] 추위[寒] 장(臟) 어두움[暗] 내부[內] 아래[下] 물[水]	남자[男] 낮[晝] 더위[暑] 부[腑] 밝음[明] 외부[外] 위[上] 불[火]	간(肝) 심(心) 비(脾) 폐(肺) 신(腎) 심포(心包)	담(膽) 소장(小腸) 위(胃) 대장(大腸) 방광(膀胱) 삼초(三焦)

3. 오행론

[장부색체표(臟腑色體表)]

오행	목(木)	화(火)	토(土)	금(金)	수(水)
장(臟)	간(肝)	심(心)	비(脾)	폐(肺)	신(腎)
부(腑)	담(膽)	소장(小腸)	위(胃)	대장(大腸)	방광(膀胱)
계절	봄	여름	장마	가을	겨울
색깔	청록	적색	황색	백색	흑색
발전 과정	발생	성장	변화	수렴	저장
방위	동(東)	남(南)	중(中)	서(西)	북(北)
기후	바람	더위	습기	건조	추위
맛	신맛	쓴맛	단맛	매운맛	짠맛
주관	근(筋)	맥(脈)	육(肉)	피모(皮毛)	뼈[骨]
상태	눈	혀	입	코	귀
증상	손톱	얼굴	입술	솜털	머리카락
감정	분노[怒]	기쁨[喜]	생각[思]	비애[悲]	공포[恐]

4. 장부의 표리 관계

장부	기관	특징
오장(五臟)	간, 심, 비, 폐, 신[심포]	- 우리 몸에서 만들어져 생명의 에너지가 되는 기를 저장하는 기능(음적인 기능) - 음식물의 영양 물질을 저장 - 사람의 생명이 있는 동안 쉬지 않고 활동
육부(六腑)	담, 소장, 위, 대장, 방광, 삼초	- 음식물을 전달하고 배설하는 통로가 되는 것(양적인 기능) - 음식물을 소화하여 인체에 이롭고 해가 되는 것을 분별하며 음식물을 수용하되 영양 물질을 저장하지는 않는다. - 필요에 따라 때대로 활동

5. 14경락의 순행도

경락이란

생체(生體)에서 경혈과 경혈을 연결하여 기혈순환(氣血循環)을 이루는 일정한 생체 반응 계통 노선으로서, 내부로는 오장육부, 외부로는 피부와 연관되는 영위(營衛)기혈의 병리적 반응선을 말한다. 인체의 주간(主幹)으로 가로로 통하여 비교적 깊이 분포되어 있는 것을 경맥이라 하고, 분지(分枝)로 나누어져 가로로 비스듬히 비교적 표층에 가깝게 분포된 것을 경락이라고 한다. 경락은 12정경(正經)과 기경팔맥(奇經八脈)으로 이루어져 있다.

경락의 주된 통로인 경맥은 12경맥으로 이루어지며 임맥과 독맥을 더하여 14경맥이라고 한다.

1) 경맥(經脈)

12경맥, 12경별, 기경팔맥의 3종류가 있다.

　(1) 12경맥(經脈) : 12경(十二經)이라고도 하며 장부와 지체를 안팎으로 연락하고, 기혈을 운행하여 전신에 영양을 준다. 12경맥의 명칭은 음과 양으로 나누어 양에

는 양명, 태양, 소양이 있고 음에는 태음, 소음, 궐음의 육경으로 나뉘어 각각 사지로 뻗어 있다.

(2) 12경별(經別) : 체강 내로 침입하여 표리음양경의 관계를 긴밀히 해주는 종횡하는 분지로서 영기(營氣)가 유주하며 영양을 공급해 주는 정경과 같은 역할을 하므로 별행정경(別行正經)이라고도 한다.

(3) 기경팔맥(奇經八脈) : 임·동맥을 12경맥과 축으로 공유하면서 12정경과는 다른 경로를 걷는 또 다른 경락 체계이다. 임맥, 독맥, 충맥, 대맥, 음유맥, 양유맥, 음교맥, 양교맥 등을 포함한다.

2) 낙맥(絡脈)

경맥에서 분출하여 가로로 흘러서 경맥과 경맥을 이어주는 그물 모양의 대소분지를 말한다. 낙맥은 12경맥에서 갈라지므로 별락(別絡)이라고도 하고 15낙맥·손락·세락·부락 및 혈락 등이 여기에 속한다.

(1) 15낙맥(絡脈) : 경맥에서 갈라져 나온 12낙맥, 임맥과 독맥의 낙맥, 비(脾)의 대락을 합하여 일컫는다.

(2) 손락(孫絡) : 낙맥에서 분출한 섬세하고 작은 지맥

(3) 부락(浮絡) : 낙맥 중에서 체표에 분포하는 것

(4) 혈락(血絡) : 부락 가운데 피부에 노출된 작고 세밀한 혈관 부락

3) 내속(內屬)

장부와 경근, 경별, 낙맥으로 연결된 것이다.

(1) 12경근(經筋) : 경락계통의 외연 부분으로서 12경맥의 기가 근육, 관절에 모이고 흩어지는 체계이다. 명칭은 12경맥에 의거하여 수족의 삼양, 삼음으로 나눈다.

(2) 12피부(皮部) : 피부의 경락 분포 영역으로 12경맥의 순행 및 분포 부위와 일치한다.

경락의 분류

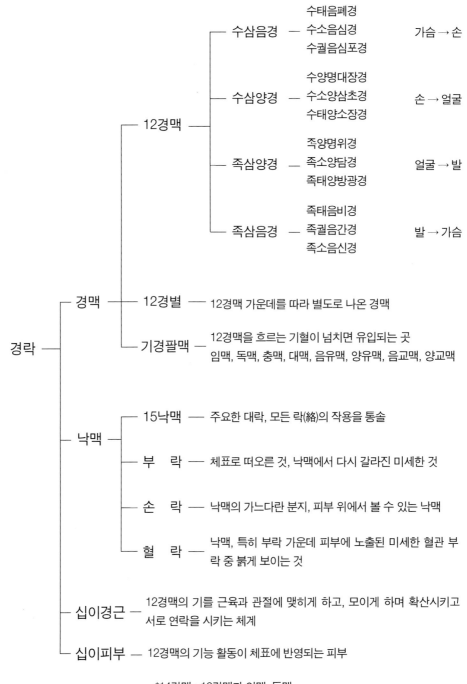

```
경락 ┬ 경맥 ┬ 12경맥 ┬ 수삼음경 ─ 수태음폐경          가슴 → 손
      │        │                    수소음심경
      │        │                    수궐음심포경
      │        │
      │        │        수삼양경 ─ 수양명대장경         손 → 얼굴
      │        │                    수소양삼초경
      │        │                    수태양소장경
      │        │
      │        │        족삼양경 ─ 족양명위경           얼굴 → 발
      │        │                    족소양담경
      │        │                    족태양방광경
      │        │
      │        │        족삼음경 ─ 족태음비경           발 → 가슴
      │        │                    족궐음간경
      │        │                    족소음신경
      │        │
      │        ├ 12경별 ─ 12경맥 가운데를 따라 별도로 나온 경맥
      │        │
      │        └ 기경팔맥 ─ 12경맥을 흐르는 기혈이 넘치면 유입되는 곳
      │                      임맥, 독맥, 충맥, 대맥, 음유맥, 양유맥, 음교맥, 양교맥
      │
      ├ 낙맥 ┬ 15낙맥 ─ 주요한 대락, 모든 락(絡)의 작용을 통솔
      │        │
      │        ├ 부   락 ─ 체표로 떠오른 것, 낙맥에서 다시 갈라진 미세한 것
      │        │
      │        ├ 손   락 ─ 낙맥의 가느다란 분지, 피부 위에서 볼 수 있는 낙맥
      │        │
      │        └ 혈   락 ─ 낙맥, 특히 부락 가운데 피부에 노출된 미세한 혈관 부
      │                      락 중 붉게 보이는 것
      │
      ├ 십이경근 ─ 12경맥의 기를 근육과 관절에 맞히게 하고, 모이게 하며 확산시키고
      │              서로 연락을 시키는 체계
      │
      └ 십이피부 ─ 12경맥의 기능 활동이 체표에 반영되는 피부
```

*14경맥 : 12경맥과 임맥, 독맥

14경락과 오행혈

임맥(任脈)

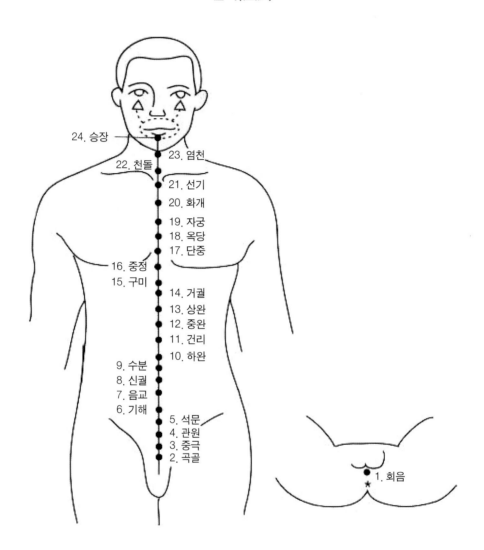

24. 승장
23. 염천
22. 천돌
21. 선기
20. 화개
19. 자궁
18. 옥당
17. 단중
16. 중정
15. 구미
14. 거궐
13. 상완
12. 중완
11. 건리
10. 하완
9. 수분
8. 신궐
7. 음교
6. 기해
5. 석문
4. 관원
3. 중극
2. 곡골
1. 회음

■ 순행노선

- 소복부 중극의 하면에서 시작하여 하향 ⇒ 최음부 빠져나와 ⇒ 음부 경유 ⇒ 복부 흉선의 정중선을 따라 직상 ⇒ 인후 ⇒ 얼굴로 안면 경유 ⇒ 승읍으로 들어간다.

독맥(督脈)

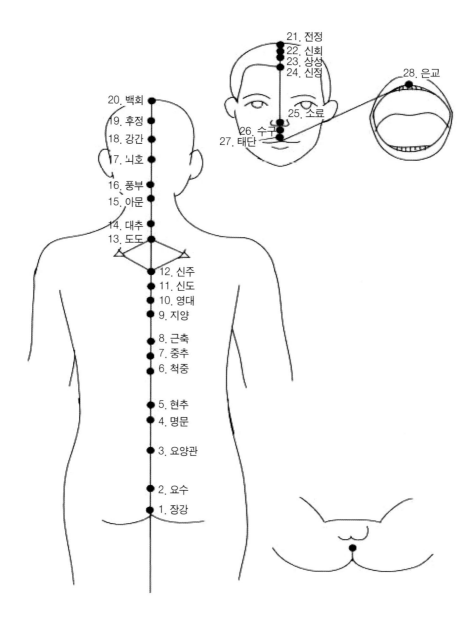

21. 전정
22. 신회
23. 상성
24. 신정
25. 소료
26. 수구
27. 태단
28. 은교

20. 백회
19. 후정
18. 강간
17. 뇌호
16. 풍부
15. 아문
14. 대추
13. 도도
12. 신주
11. 신도
10. 영대
9. 지양
8. 근축
7. 중추
6. 척중
5. 현추
4. 명문
3. 요양관
2. 요수
1. 장강

■ 순행노선

- 미골 아래에서 시작하여 척추 속을 따라 풍부혈에 가서 뇌 속에 들어간다. 다시 나와
정수리로 올라가 이마를 따라 콧마루와 윗입술 아랫잇몸에 이른다.

수태음폐경(手太陰 肺經)

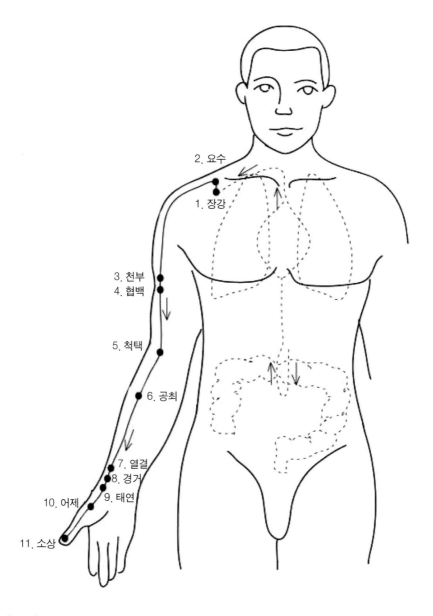

2. 요수
1. 장강
3. 천부
4. 협백
5. 척택
6. 공최
7. 열결
8. 경거
10. 어제
9. 태연
11. 소상

■ 순행노선

- 중초(中焦)에서 시작 하향(下向)하여 대장(大腸)에서 반전 상행

- 횡격막 통과하여 비장에 들어간다 ⇒ 중부 ⇒ 운문 ⇒ 소상

* 대장(大腸)과 이어져 있으며 횡격막을 통과하고 위, 비와도 연결

■ 취혈 방법

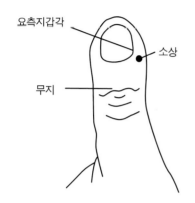

- 소상 : 엄지손가락을 펴서 취혈. 엄지손가락
  안쪽 손톱 모서리로부터 2mm 상방에, 소상을
  취혈한다.

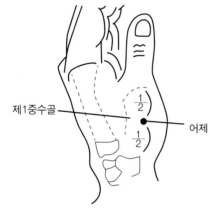

- 어제 : 엄지를 가볍게 펴서 취혈. 제1중수골의
  중앙 외측에서 손바닥과 손등의 피부 경계보다
  약간 손바닥 쪽에서 어제를 취혈한다.

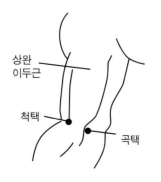

- 척택 : 엄지를 가볍게 펴서 취혈. 팔꿈치 안쪽
  에 생긴 횡문선상의 거의 중앙에 가볍게 손을
  대면 밑으로 약간 두터운 1가닥의 근육을 느낀
  다. 이것이 상완이두근(알통을 형성하는 근육)
  힘줄로, 이 힘줄의 굽은 측(엄지손가락 쪽)의
  깊게 패인 곳의 중앙에서 척택을 취혈한다.

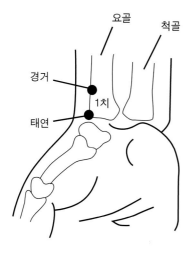

- 태연 : 손바닥을 위로 향하게 해서 취혈. 손 목의 주름과 교차하는 부위에 있는 태연을 취혈한다.
- 경거 : 팔 안쪽을 위로해서 취혈. 손목의 횡 문과 교차하는 곳에 태연을 찾는다. 척택과 태연의 사이를 12등분하고 태연에서 1/12 의 요골동맥상(태연에서 척택 방향으로 약 2cm의 곳에 해당)에 경거를 취혈한다.

■ 얼굴에 나타나는 징후-폐(肺)

1) 얼굴빛이 하얗다. (정신적인 긴박 상태에 의하는 경우도 있다.)

2) 콧날 중앙으로부터 위 측에 생긴 뽀루지 (여드름 예외)

3) 윗눈썹에 생긴 뽀루지 (가슴=폐장 기능을 포함)

4) 콧물이 나오기 쉽다.

5) 코를 둘러싼 모든 이상 병, 질환 [코를 담당하는 것은 폐(肺)]

6) 눈 흰 부분의 이상 (폐가 담당하는 부위)

7) 눈과 눈썹 사이가 하얗다.

8) 눈과 눈썹 사이의 피부가 거칠다.

9) 혀에 하얀 것이 떠오른다.

10) 취각이 둔하다. [취각을 담당하는 것은 폐(肺)]

11) 오른쪽 볼이 달아오른다.

12) 흐느끼기를 잘한다.

수소음심경(手少陰心經)

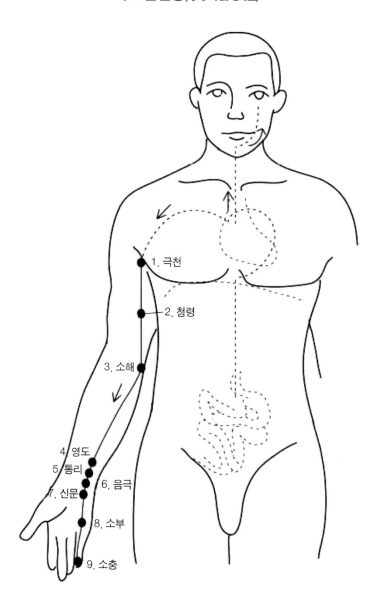

1. 극천
2. 청령
3. 소해
4. 영도
5. 통리
6. 음극
7. 신문
8. 소부
9. 소충

■ 유주(流注)

- 심장 ⇒ 횡격막 ⇒ 하원 ⇒ 소장 한 바퀴 돈다.

- 심장 ⇒ 단중 ⇒ 인두 ⇒ 식두 ⇒ 눈알

- 심장 ⇒ 폐 ⇒ 극천 ⇒ 청명 ⇒ 소충

■ 취혈 방법

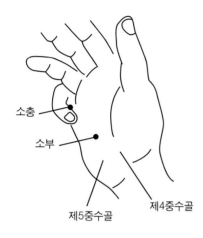

- 소충 : 소지를 펴서 취혈. 소지 손톱 안쪽 끝에서 약지 쪽으로 2mm 윗부위에 있는 소충을 취혈한다.

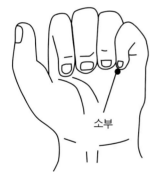

- 소부 : 손바닥을 위로해서 취혈. 손바닥 제4, 5 중수골 사이에서 중수골 골저와 골두 중앙의 패인 곳에서, 약간 제5중수골 쪽으로 소부를 취혈한다.

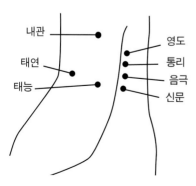

- 신문 : 손바닥을 위로해서 취혈. 앞 팔을 밖으로 돌려서 손바닥을 위로하면 수근골의 안쪽 (소지 측)에 돌출한 뼈가 두상골로서 척측수근 굴근건이 부착해 있다. 굽은 쪽(모지 측)의 얇게 움푹 들어간 중심에 있는 신문을 취혈한다.

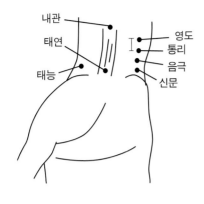

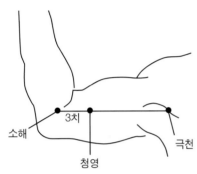

- 영도 : 손바닥을 위로해서 취혈. 팔꿈치 내측
(소지 측)에서 느끼는 뼈가 상완골 내측상과로
서, 이 내측상과의 앞 바깥쪽으로부터 팔꿈치
주름을 따라 엄지 측으로 1cm의 점에 소해를
찾는다. 소해와 신문 사이를 8등분 하고 신문
에서 1/8에서 영도를 취혈한다.

- 소해 : 팔꿈치 관절을 약간 굽혀 팔을 밖으로
돌려서 취혈. 팔꿈치의 안쪽(소지 측)에 느낄
수 있는 뼈가 상완골 내측상과로서, 이 내측상
과의 앞 바깥쪽(요골 측)에서 팔꿈치 주름을
따라 바깥쪽(굽은 쪽)으로 1cm 지점(상완근의
중심)에 소해를 취혈한다.

■ 얼굴에 나타나는 징후-심(心)

1) 얼굴빛이 빨갛다. (정신적인 흥분 상태에 위하는 경우도 있다.)

2) 콧날 중앙 부위에 생긴 뾰루지(여드름은 예외)

3) 위 눈꺼풀에 생긴 뾰루지(가슴=심장 기능을 포함, 여드름은 예외)

4) 눈의 흰 부분 양 끝(눈시울 쪽과 눈꼬리 쪽)이 이상 (모두 마음이 담당하는 부위)

5) 눈가 혹은 눈 주위의 피부가 빨갛다.

6) 입술이 보랏빛이다.

7) 혀의 혈색이 나쁘다. 혹은 빨갛다.

[혀의 혈색이 나쁜 것은 허(虛)=감퇴, 혀가 빨간 것은 실(實)=항진]

8) 혀를 둘러싼 모든 이상, 병, 질환(혀를 담당하는 것은 마음)

9) 미각이 둔하다. (미각을 담당하는 것은 마음)

10) 쓴 음식을 많이 섭취하는 경향이 있다. (병변이 있는 심장 기능은 쓴 음식을 탐한
다.)

족양명위경(足陽明胃經)

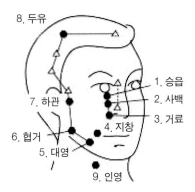

8. 두유

7. 하관

6. 협거

5. 대영

9. 인영

1. 승읍

2. 사백

3. 거료

4. 지창

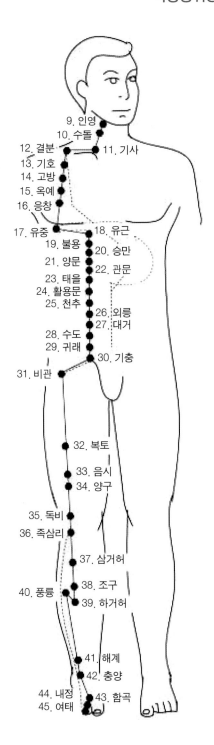

9. 인영
10. 수돌
12. 결분
13. 기호
11. 기사
14. 고방
15. 옥예
16. 응창
17. 유중
18. 유근
19. 불용
20. 승만
21. 양문
22. 관문
23. 태을
24. 활용문
25. 천추
26. 외릉
27. 대거
28. 수도
29. 귀래
30. 기충
31. 비관
32. 복토
33. 음시
34. 양구
35. 독비
36. 족삼리
37. 삼거허
38. 조구
40. 풍륭
39. 하거허
41. 해계
42. 충양
44. 내정
43. 함곡
45. 여태

■ 유주(流注)

- 승읍 ⇒ 거료 ⇒ 윗 이빨 入 ⇒ 입술 ⇒ 인중 ⇒ 승장 ⇒ 대영 ⇒ 두유 ⇒ 신정

- 대영 ⇒ 인영 ⇒ 결분 ⇒ 대추 ⇒ 결분 ⇒ 횡격막 ⇒ 상완 ⇒ 중완 ⇒ 위(胃)

- 결분 ⇒ 기호 ⇒ 유근 ⇒ 천추 ⇒ 비판 ⇒ 복토 ⇒ 풍륭 ⇒ 해계 ⇒ 충양 ⇒ 여태

오유혈(五兪穴)		
정금혈(井金穴) ~ 여태(厲兌)	형수혈(榮水穴) ~ 내정(內庭)	유목혈(兪木穴) ~ 함곡(陷谷)
경화혈(經火穴) ~ 해계(解谿)	합토혈(合土穴) ~ 족삼리(足三里)	

■ 취혈 방법

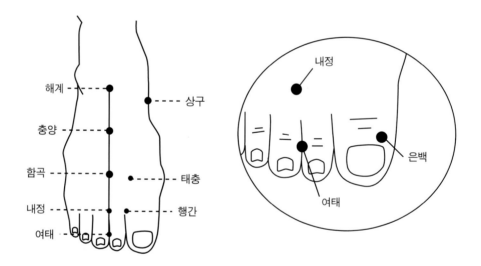

- 여태 : 발가락을 자연스럽게 펴서 취혈. 둘째 발가락의 외측(새끼발가락)에서 발톱 끝의 조금(2cm 정도) 후방에 여태를 취혈한다.

- 내정 : 누운 자세에서 취혈. 발가락을 밑으로 굽히면 발등에 높게 융기한 뼈가 발가락 기절골의 아래뼈이다. 제2, 3기 골절 사이에서 아래뼈 앞쪽에 내정을 취혈한다.

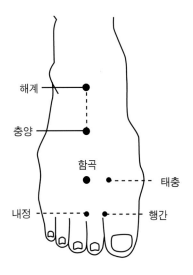

- 함곡 : 누운 자세로 취혈. 제2, 3발가락 사이를
손가락에서 발등 부위를 따라 뒤쪽으로 가볍
게 문질러 가면 발등이 높게 된 조금 앞쪽으로
뼈의 사이가 없어지고 손끝이 멈춘다. 이 양뼈
근 앞쪽(뼈근 사이)에서 함곡을 취혈한다.

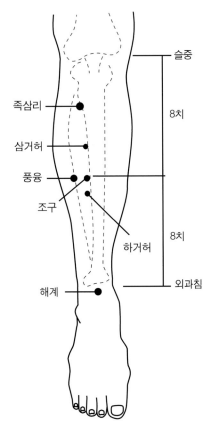

- 족삼리 : 누운 자세로 취혈. 무릎 관절을 펴거
나 조금 굽혀서 경골조면의 아래쪽의 높이에
서 경골 앞쪽으로부터 외측으로 2cm의 전경
골근 중에 족삼리를 취혈한다.
- 해계 : 누운 자세로 취혈. 족관절을 굽히면 발
등의 장모지 신근건상에 높게 융기한 근(건)이
있다. 바깥 복사뼈의 높이에서, 장모지 신근건
의 새끼발가락에 해계를 취혈한다.

■ **얼굴에 나타나는 징후 - 위(胃)**

1) 콧방울에 생긴 뾰루지 (여드름은 예외)

2) 입을 둘러싼 모든 이상, 병변, 질환

 [위도 입도 오행에 있어서 '토(土)'이므로 밀접한 관계가 있다.]

3) 입술이 튼다.

4) 혀에 노란 태(苔)가 낀다.

 (장 기능의 감퇴, 항진, 병변을 암시하는 경우가 있다.)

5) 혀에 빨간 반점이 생긴다.

 (신장 기능의 감퇴, 항진, 병변을 암시하는 경우가 있다.)

6) 코끝에 달아오름을 느낀다.

 (비장 기능의 병변을 암시하는 경우도 있다.)

족태음비경(足太陰脾經)

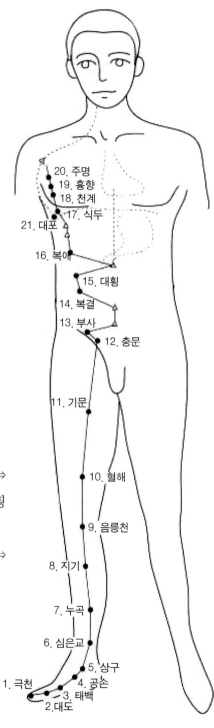

20. 주명
19. 흉향
18. 천계
17. 식두
21. 대포
16. 복애
15. 대횡
14. 복결
13. 부사
12. 충문
11. 기문
10. 혈해
9. 음릉천
8. 지기
7. 누곡
6. 삼음교
5. 상구
4. 공손
3. 태백
2. 대도
1. 극천

■ 유주(流注)

- 은백 ⇒ 대도 ⇒ 태백 ⇒ 공손 ⇒ 상구 ⇒
  삼음교 ⇒ 지기 ⇒ 충문 ⇒ 복결 ⇒ 대횡
  ⇒ 복애 ⇒ 일월 ⇒ 비장 ⇒ 혀 밑
- 은백 ⇒ 충문 ⇒ 복애 ⇒ 주영 ⇒ 대포 ⇒
  중부

오유혈(五兪穴)

정목혈(井木穴) ~ 은백(隱白)

형화혈(螢火穴) ~ 대도(大都)   유토혈(兪土穴) ~ 태백(太白)

경금혈(經金穴) ~ 상구(上丘)   합수혈(合水穴) ~ 음능천(陰陵泉)

■ 취혈 방법

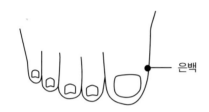

- 은백 : 발가락을 자연스럽게 펴서 취혈. 모지의 내측에서 발톱 모서리로부터 후방 2mm에 은백을 취혈한다.

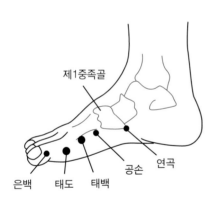

- 태도 : 발의 내측면을 위로해서 취혈. 엄지발가락 앞 끝의 안쪽에 손가락을 놓고, 후방으로 문지르면 발가락 뿌리에서 뼈가 돌출한 것을 느낀다. 제1중족지절관절이다. 이 관절의 앞을 이룬 기절골(제1기절골)의 뼈 밑 앞쪽의 안쪽에 대도를 취혈한다.

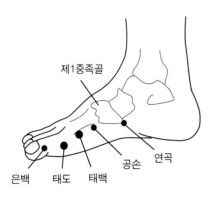

- 태백 : 발의 내측면을 위로해서 취혈. 엄지발가락 앞쪽의 안쪽에 손가락을 놓고 뒤쪽으로 문지르면 발가락의 뿌리에서 뼈가 돌출한 부위를 느낀다. 이것이 제1중족 지절 관절이다. 이 관절의 뒷부분을 이루는 중족골(제1중족골)의 뼈머리 뒤쪽의 안쪽에 태백을 취혈한다.

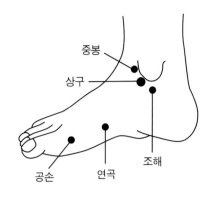

- 상구 : 안쪽 복사뼈를 위로해서 취혈. 내과의 앞 밑쪽(둥글고 완만한 굴곡이 나 있다.)의 중앙에서 손가락 끝으로 누르면 족관절 안에 찡하고 울리는 곳에 상구를 취혈한다.

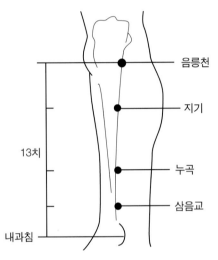

- 음릉천 : 누운 자세로 대퇴(넓적다리) 바깥쪽으로 돌려서 취혈. 경골의 뒤쪽에 엄지손가락을 대고, 다른 손가락으로 하퇴(종아리)를 끼우는 것처럼 해서 올리면, 무릎 경골의 내측이 나팔 상태로 확대되어 있는 것을 느낀다. 이 나팔 상태로 확대되기 시작한 점의 뒤 아래쪽에 음릉천을 취한다.

■ 얼굴에 나타나는 징후-비(脾)

1) 얼굴빛이 노랗다. (밀감류의 과식으로 인한 현상은 예외)
2) 코끝에 생긴 뾰루지 (여드름 예외)
3) 코끝이 빨갛다.
4) 코끝이 뜨겁다.
5) 입을 둘러싼 모든 이상 : 병, 질환[입을 담당하는 것은 비(脾)]
6) 눈과 눈썹 사이가 노랗다.
7) 혀의 혈색이 나쁘다.
8) 입술의 촉감이 둔하다.
9) 입술이 까슬까슬하다.
10) 단 음식을 많이 섭취하는 경향이 있다. (병변이 있는 비장 기능은 단 음식을 탐낸다.)

수태양소장경(手太陽小腸經)

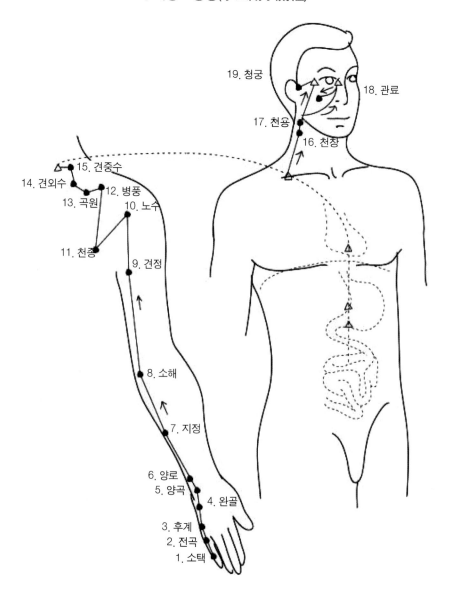

19. 청궁
18. 관료
17. 천용
16. 천창
15. 견중수
14. 견외수
12. 병풍
13. 곡원
10. 노수
11. 천종
9. 견정
8. 소해
7. 지정
6. 양로
5. 양곡
4. 완골
3. 후계
2. 전곡
1. 소택

■ 유주(流注)

- 소택 ⇒ 대추 ⇒ 결분 ⇒ 단중 ⇒ 심장 ⇒ 횡격막 ⇒ 상원 ⇒ 중원 ⇒ 하원 ⇒ 소장을 둘러싼다. (비경, 소장경, 간경)

- 결분 ⇒ 천창 ⇒ 권료 ⇒ 동자료 ⇒ 화료 ⇒ 천궁 ⇒ 귓속(귓속 병도 소장경으로 치료)

- 목 순환 ⇒ 코 ⇒ 눈 안쪽 ⇒ 청명 (천창 ⇒ 천용)

■ 취혈 방법

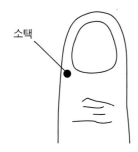

- 소택 : 소지를 펴서 취혈. 소지 손톱 안쪽 끝에서부터 바깥쪽으로 2mm 윗부위에 있는 소택을 취혈한다.

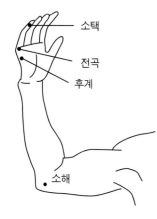

- 전곡 : 소지를 펴서 취혈. 소지의 세 번째 뼈마디 끝 부분(기절골저)으로 손바닥과 손등 피부의 경계면

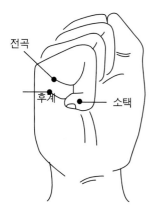

- 후계 : 소지를 펼친 상태에서 취혈. 제5중수골의 손등 내연을 따라서 아래 방향(손가락 앞쪽 방향)으로 향해서 문질러 가면 제5중수지절관절(MP관절) 부에서 중수골이 융기하고 있는 뼈 머리 부분에 닿는다. 이 뼈머리 부분 상연에서 척 측(소지 측)의 손바닥과 손등 면의 피부 경계에 후계를 취혈한다.

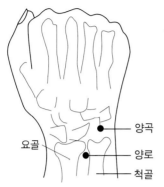

요골 · 양곡 · 양로 · 척골

- 양곡 : 손목 등을 위로해서 취혈. 수관절 등쪽의 척골 하단에 융기한 척골두에서 소지 측(내측) 밑으로 늘어진 돌기가 경상돌기이다. 이 돌기 아래 끝에서 양곡을 취혈한다.

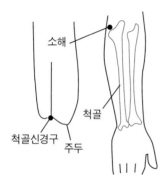

소해 · 척골 · 척골신경구 · 주두

- 소해 : 팔꿈치를 펴서 취혈. 팔꿈치를 펼치면 팔꿈치 안쪽(소지측)에 상완골의 내측상과, 외측(굽은 측)에 상완골의 외측상과, 후방으로 척골의 팔꿈치 정점이 직선상으로 늘어서 있는데, 이 선을 상과선이라 한다. 이 상과선상에서 내측상과와 팔꿈치의 중앙에 소해를 취혈한다.

수양명대장경(手陽明大腸經)

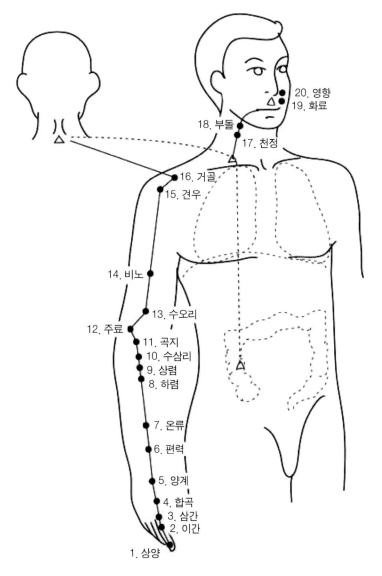

20. 영향
19. 화료
18. 부돌
17. 천정
16. 거골
15. 견우
14. 비노
13. 수오리
12. 주료
11. 곡지
10. 수삼리
9. 상렴
8. 하렴
7. 온류
6. 편력
5. 양계
4. 합곡
3. 삼간
2. 이간
1. 상양

■ 유주(流注)

- 상양 ⇒ 합곡 ⇒ 온류 ⇒ 주료 ⇒ 비노 ⇒ 대추 ⇒ 천정 ⇒ 지창 ⇒ 화료 ⇒ 영향

오유혈(五兪穴)

정금혈(井金穴) ~ 상양(商陽)   형수혈(滎水穴) ~ 이간(二間)

유목혈(兪木穴) ~ 삼간(三間)   경화혈(經火穴) ~ 양계(陽谿)   합토혈(合土穴) ~ 곡지(曲池)

■ 취혈 방법

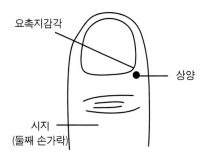

- 상양 : 제2지를 펴서 취혈. 제2지의 엄지 쪽
  손톱 모서리로부터 2mm 상방에 상양을 취혈
  한다.

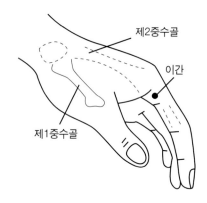

- 이간 : 제2지를 펴서 취혈. 관절부의 하부(손가
  락 앞쪽)에서 제2기절골 바로 밑의 굽은 바깥쪽
  (엄지 쪽)에 이간을 취혈한다.

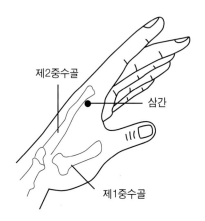

- 삼간 : 제2지를 편 상태에서 취혈. 제2중수골의
  엄지 측을 따라 아래쪽(손가락 방향)으로 만져
  가면 바로 위의 굽은 바깥쪽(엄지 측)에 삼간을
  취혈한다.

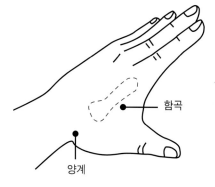

- 양계 : 손등을 위로해서 취혈. 손등을 위로 하고 엄지손가락과 검지 사이를 벌려 엄지손가락을 강하게 펴면 패인 곳 중심에서 양계를 취혈한다.

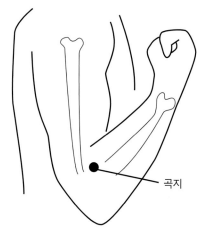

- 곡지 : 팔꿈치를 조금 굽혀서 취혈. 팔꿈치 안주름 모지 측의 연장 방향에 바깥 위쪽으로부터 주름을 따라서, 내방 1cm의 점에 곡지를 취혈한다. 압박하면 엄지 · 검지 방향으로 찡하고 울린다.

■ 얼굴에 나타나는 징후-장(腸)

1) 아래 눈꺼풀의 눈초리 쪽에 생긴 뾰루지 (여드름은 예외)

2) 혀를 둘러싼 모든 이상, 병변, 질환 [소장과 혀는 함께 오행에 있어서의 '화(火)'이므로 밀접하다.]

3) 코를 둘러싼 모든 이상, 병변, 질환[대장과 코는 함께 오행에 있어서의 '금(金)'이므로 밀접하다.]

4) 혀에 노란 태(苔)가 낀다. (위 기능의 감퇴, 항진, 병변을 암시하는 경우가 있다.)

5) 오른쪽 볼에 달아오름을 느낀다. (폐장 기능의 병변을 암시하는 경우가 있다.)

족궐음간경(足厥陰肝經)

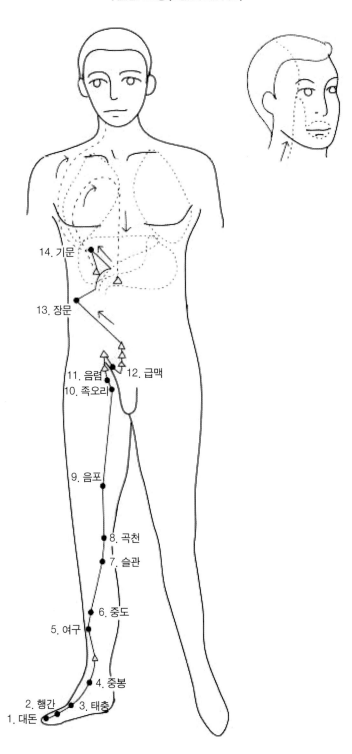

14. 기문

13. 장문

11. 음렴 12. 급맥

10. 족오리

9. 음포

8. 곡천

7. 슬관

6. 중도

5. 여구

4. 중봉

2. 행간 3. 태충

1. 대돈

■ 유주(流注)

- 대돈 ⇒ 삼음교 ⇒ 족오리 ⇒ 생식기 ⇒ 관원 ⇒ 좌우로 장문 ⇒ 기문 ⇒ 위 ⇒ 간 ⇒
쓸개
- 기문 → 뇌 → 눈 ⇒ 머릿속 ⇒ 백회 → 폐 ⇒ 중원
* 포기사구 · 기도용천
백회 ⇒ 기문 ⇒ 관원 ⇒ 대돈 ⇒ 지하(地下)

오유혈(五兪穴)		
정목혈(井木穴) ~ 대돈(大敦)		형화혈(榮火穴) ~ 행간(行間)
유토혈(兪土穴) ~ 태충(太衝)	경금혈(經金穴) ~ 중봉(中封)	합수혈(合水穴) ~ 곡천(曲泉)

■ 취혈 방법

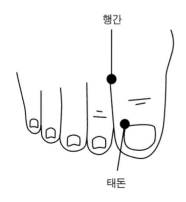

- 대돈 : 발가락을 자연스럽게 펴서 취혈. 엄지발
가락의 외측(새끼발가락 쪽)에서 발톱 모서리
의 거의 2mm 정도 뒤쪽에 대돈을 취혈한다.
- 행간 : 누운 자세로 취혈. 발가락을 낮게 굽히면
발등에 높게 융기한 뼈가 발가락의 기절골의 골
저이다. 엄지발가락의 기절골 아래의 바깥쪽
(새끼발가락 쪽) 앞쪽에서 행간을 취혈한다.

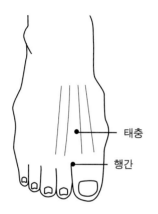

- 태충 : 누운 자세로 취혈. 제1, 2발가락 사이를
손가락 끝으로 발등을 따라서 발목 쪽으로 가볍
게 문질러 올라가면 양 뼈의 흠이 없어지는 부
위, 여기가 제1, 2중족골저의 좌우에 접해서 붙
은 관절 부위이고 골저의 앞 끝에 해당한다. 이
양 골저 앞쪽(골저간)에서 태충을 취혈한다.

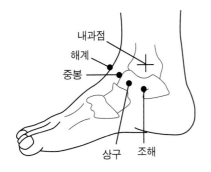

- 중봉 : 누운 자세로 취혈. 내과 중앙이 아래쪽에서 2cm 전방의 움푹 패인 가운데에서 건강한 몸이라도 조금 압박해서 아픔을 느끼는 부위에서 중봉을 취혈한다.

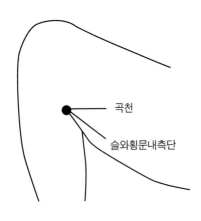

- 곡천 : 누운 자세에서 무릎 관절을 최대로 굽혀서 취혈. 무릎을 최대로 굽힌 상태에서 무릎 주름의 가장 끝 근처를 찾고 거기서 느낄 때 패인 곳의 중앙에서 곡천을 취혈한다.

■ 얼굴에 나타나는 징후-간(肝)

1) 얼굴빛이 파랗다. (정신적인 긴박 상태에 의하는 경우도 있다.)

2) 콧날 중앙으로부터 아래쪽에 생긴 뽀루지(여드름은 예외)

3) 눈을 둘러싼 모든 이상, 병, 질환 [눈을 담당하는 것은 신(腎)]

4) 눈과 눈썹 사이가 푸르다.

5) 눈과 눈썹 사이에 푸른 줄이 있다.

6) 눈의 검은 부분(동공을 제외)의 이상(마음이 담당하는 부위)

7) 시력이 떨어져 걱정이다. (근시는 제외)

8) 최근 신 음식을 많이 섭취하는 경향이 있다.

9) 요즈음 눈물이 많아졌다.

10) 왼쪽 볼이 달아오른다.

족소양담경(足少陽膽經)

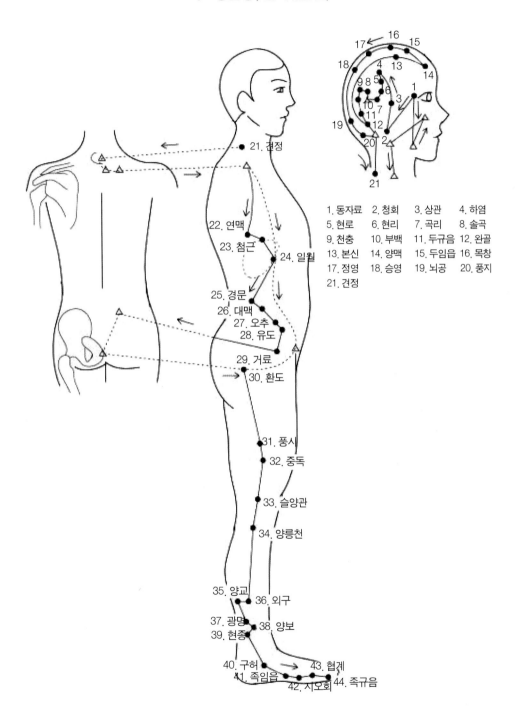

1. 동자료   2. 청회   3. 상관   4. 하염
5. 현로   6. 현리   7. 곡리   8. 솔곡
9. 천충   10. 부백 11. 두규음 12. 완골
13. 본신   14. 양맥 15. 두임읍 16. 목창
17. 정영   18. 승영 19. 뇌공 20. 풍지
21. 견정

21. 견정
22. 연맥
23. 첩근   24. 일월
25. 경문
26. 대맥
27. 오추
28. 유도
29. 거료
30. 환도

31. 풍시
32. 중독
33. 슬양관
34. 양릉천

35. 양교   36. 외구
37. 광명   38. 양보
39. 현종
40. 구허   43. 협계
41. 족임읍 44. 족규음
42. 지오회

■ 유주(流注)

- 동자료(삼초)⇒ 완골⇒ 청명(방광)⇒ 풍지⇒ 대추(독맥)⇒ 대서
- 병풍(소장)⇒ 결분(위경)⇒ 기문⇒ 간⇒ 일월⇒ 장문(간)⇒ 치골⇒ 족규음

오유혈(五兪穴)

정금혈(井金穴) ~ 규음(竅陰)
형수혈(榮水穴) ~ 협계(俠谿)　　　유목혈(兪木穴) ~ 임읍(臨泣)
경화혈(經火穴) ~ 양보(陽輔)　　　합토혈(合土穴) ~ 양능천(陽陵泉)

■ 취혈 방법

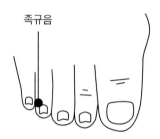

- 규음 : 발가락을 자연스럽게 펴서 취혈. 넷째 발가락 외측 발톱에서 불과 2mm 정도 후방에 규음을 취혈한다.

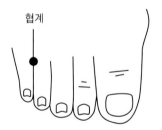

- 협계 : 누운 자세에서 취혈. 발가락을 낮게 굽혀서 발등에 높게 융기된 뼈가 발가락의 기절골의 골저에 있다. 넷째 발가락 기절골저의 외측(소지 측) 앞쪽에 협계를 취혈한다.

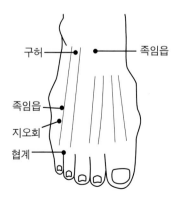

- 임읍 : 누운 자세로 취혈한다. 제4, 5발가락 사이를 손가락 끝으로 다리뼈 부분에 따라서 후상방에서 가볍게 찰과하면 발가락 등이 높게 된 조금 앞쪽에서 양골의 사이 극이 소실하고 손끝이 멈춘다. 이것이 제4, 5번째 다리뼈 밑이 좌우로부터 접해 있는 관절부에서, 뼈 밑의 전연에 해당한다. 이 양 뼈 밑 전연(뼈 밑 사이)에 임읍을 취혈한다.

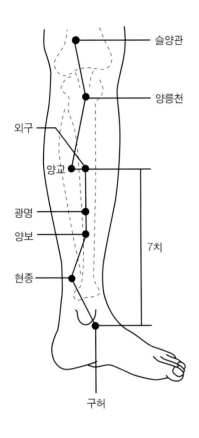

- 양보 : 누운 자세에서 취혈. 하퇴(종아리)의 외측을 손바닥으로 문지르면서 위쪽으로 가면 무릎의 관절열극에 이르기 전 둥글고 작은 2cm 크기의 뼈를 느낀다. 이것이 비골두이다. 비골두 위쪽과 복사뼈 사이를 3등분하고 복사뼈로부터 1/3의 곳에서 광명을 찾는다. 다시 비골두 위쪽과 외과정점 사이를 5등분하고 외과정점에서 1/5의 곳에 현종을 찾는다. 광명과 현종의 중앙에 양보를 취혈한다.

- 양능천 : 누운 자세에서 취혈. 하퇴의 바깥쪽을 손바닥으로 문지르면서 위쪽으로 가면 무릎의 관절에 이르기 전 둥글고 작은 2cm 크기의 뼈를 느낀다. 이것이 비골두이다. 비골두의 앞 아래쪽에서 장비골근이 시작되는 부분의 앞쪽에 패인 곳의 중심에서 양능천을 취혈한다.

■ 얼굴에 나타나는 징후-담(膽)

1) 얼굴빛이 노랗다. (밀감류의 과도한 섭취로 나타나는 현상은 예외다.)

2) 눈두덩에 생긴 뾰루지(여드름은 예외)

3) 눈을 둘러싼 모든 이상, 병변, 질환 [담(쓸개)도 눈의 오행에 있어서의 '목(木)'이므로 밀접하다.]

4) 혀에 백태(白苔)가 낀다.

5) 왼쪽 볼에 달아오르는 느낌을 받는다. (간장 기능의 병변을 암시하는 경우도 있다.)

족소음신경(足少陰腎經)

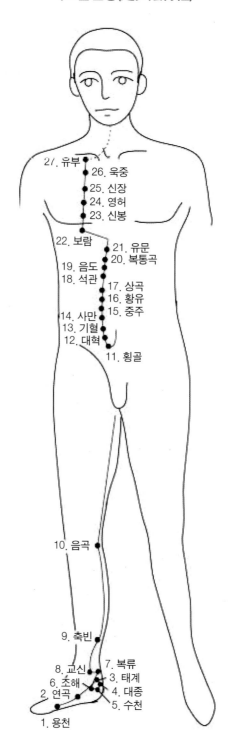

27. 유부
26. 욱중
25. 신장
24. 영허
23. 신봉
22. 보랑
21. 유문
20. 복통곡
19. 음도
18. 석관
17. 상곡
16. 황유
15. 중주
14. 사만
13. 기혈
12. 대혁
11. 횡골
10. 음곡
9. 축빈
8. 교신
7. 복류
6. 초해
3. 태계
2. 연곡
4. 대종
5. 수천
1. 용천

■ 유주(流注)

- 지음 ⇒ 용천 ⇒ 연곡 ⇒ 태종 ⇒ 조해 ⇒ 교신 ⇒ 비경/간 ⇒ 삼음교 ⇒ 축빈 ⇒ 무
  릎 속으로 ⇒ 척추독맥 ⇒ 장강혈에서 만남 ⇒ 횡골 ⇒ 대혁 ⇒ 황유 → 콩팥 ＼ 관
  원·중극 ⇒ 방광

- 상항 ⇒ 상곡 ⇒ 석관 ⇒ 간·횡격막 ⇒ 폐 ⇒ 보광 ⇒ 신봉 ⇒ 영허 ⇒ 신장 ⇒ 죽중
  ⇒ 인후·혀 ⇒ 염천

• 족소음신경이 간(肝)을 통해 폐(肺)로 들어간다.

• 폐 ⇒ 심장 ⇒ 단중 유주⇒ 수궐음 심포경으로 들어가 만난다.

• 신경이 심장을 둘러싸서 심포경과 만남

오유혈(五兪穴)
정목혈(井木穴) ~ 용천(勇泉)   형화혈(榮火穴) ~ 연곡(然谷)
유토혈(兪土穴) ~ 태계(太谿)   경금혈(經金穴) ~ 복류(復留)   합수혈(合水穴) ~ 음곡(陰谷)

■ 취혈 방법

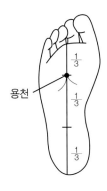

- 용천 : 엎드린 자세에서 발바닥을 위로하고 취혈.
  용천은 중족골저의 앞쪽과 뒤쪽 사이에서 대개 발
  가락으로부터 1/3에 해당한다.

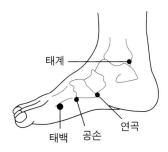

- 연곡 : 누운 자세로 발을 바깥쪽으로 돌려 취혈. 내
  과(안쪽 복사뼈)로부터 비스듬히 앞쪽 밑에서 약간
  튀어나온 부분인 주상골 바로 뒤 연곡을 취혈한다.

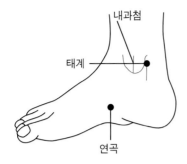

- 태계 : 누운 자세로 발을 밖으로 돌려서 취혈. 내과 뒤쪽과 아킬레스건 안쪽 사이에 커다랗게 패인 곳을 느낀다. 그 패인 곳의 가운데에서 거의 내과 부근의 후경골동맥의 박동을 느끼는 부위에 있는 태계를 취혈한다.

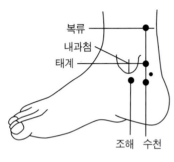

- 복류 : 누운 자세에서 하퇴를 외전해서 취혈. 반건양근건으로서 이 건의 내연과 다음의 반모양근건 사이에서 슬와의 횡문 위에 음곡을 찾는다. 다음에 내과정점과 아킬레스건 사이 패인 곳의 후경골동맥 박동부에 태계를 찾는다. 음곡과 태계 사이를 8등분하고 태계로부터 1/8의 점에 복류를 취혈한다.

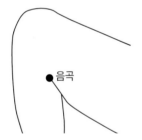

- 음곡 : 누운 자세에서 취혈. 무릎을 가볍게 굽혀 무릎의 주름상에 음곡을 취혈한다.

● 얼굴에 나타나는 징후-신(腎)

1) 얼굴빛이 검다. (본래부터 검은 사람은 예외다.)

2) 아래 눈썹의 눈꼬리 쪽에 생긴 뾰루지(여드름은 예외)

3) 귀가 따뜻하다. [건강 상태에 있는 귀는 차갑다. 귀를 담당하는 것은 신(腎)]

4) 귀를 둘러싼 모든 이상, 병변, 질환 [귀를 담당하는 것은 신(腎)]

5) 청각이 둔하다. [청각을 담당하는 것은 신(腎)]

6) 동공부의 이상 [신(腎)이 담당하는 부위]

7) 눈 아래에 기미가 생긴다. (잠 부족, 과로에 의하는 경우가 있다.)

8) 혀에 빨간 반점이 떠오른다.

9) 짠 음식을 많이 섭취하는 경향이 있다. (병변이 있는 신장 기능은 짠 음식)

족태양방광경(足太陽膀胱經)

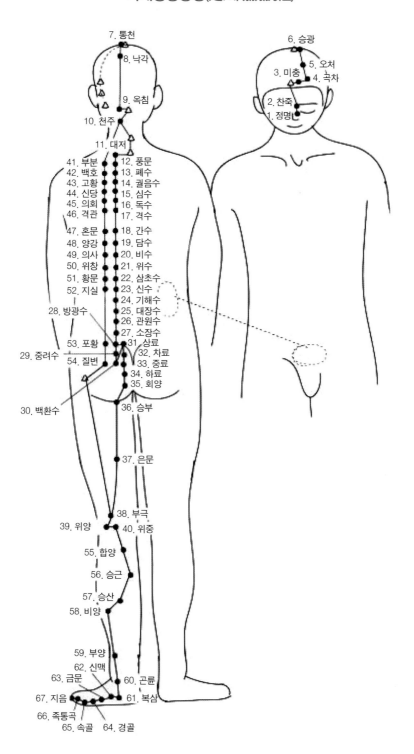

7. 통천
8. 낙각
9. 옥침
10. 천주
11. 대저
41. 부분
12. 풍문
42. 백호
13. 폐수
43. 고황
14. 궐음수
44. 신당
15. 심수
45. 의회
16. 독수
46. 격관
17. 격수
47. 혼문
18. 간수
48. 양강
19. 담수
49. 의사
20. 비수
50. 위창
21. 위수
51. 황문
22. 삼초수
52. 지실
23. 신수
24. 기해수
28. 방광수
25. 대장수
26. 관원수
27. 소장수
53. 포황
31. 상료
29. 중려수
32. 차료
54. 질변
33. 중료
34. 하료
35. 회양
30. 백환수
36. 승부
37. 은문
38. 부극
39. 위양
40. 위중
55. 합양
56. 승근
57. 승산
58. 비양
59. 부양
62. 신맥
63. 금문
60. 곤륜
67. 지음
61. 복삼
66. 족통곡
65. 속골　64. 경골

6. 승광
5. 오처
3. 미충
4. 곡차
2. 찬죽
1. 정명

■ 유주(流注)

- 청명 ⇒ 신정 ⇒ 곡차 ⇒ 독맥선과 나란히 동천 ⇒ 백회와 교회

- 백회 ⇒ 귀 ⇒ 완골 ⇒ 풍지 ⇒ 천주

- 백회 ⇒ 뇌속 ⇒ 낙각 ⇒ 옥침 ⇒ 뇌호 ⇒ 풍부 ⇒ 천주 ⇒ 대추 ⇒ 대서 ⇒ 백활유
  ⇒ 회양 ＼ 요부(허리) ⇒ 콩팥을 감싸고 ⇒ 방광

- 허리 ⇒ 승부 ⇒ 은문 ⇒ 위중

- 천주 ⇒ 좌우로↔ ⇒ 부분 ⇒ 질변 ⇒ 황도 ⇒ 위양 ⇒ 위중

- 위중 ⇒ 함양 ⇒ 승부 ⇒ 승산 ⇒ 곤륜 ⇒ 지음

오유혈(五兪穴)

정금혈(井金穴) ~ 지음(至陰)   형수혈(滎水穴) ~ 통곡(通谷)

유목혈(兪木穴) ~ 속골(束骨)   경화혈(經火穴) ~ 곤륜(崑崙)   합토혈(合土穴) ~ 위중(委中)

■ 취혈 방법

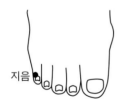

- 지음 : 누운 자세에서 발가락을 펴서 취혈. 제5발
  가락 발톱의 바깥쪽에서 후방 2mm에 지음을 취혈
  한다.

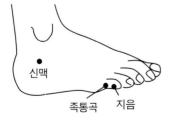

- 통곡 : 누운 자세에로 발을 안으로 돌려 취혈. 발
  폭의 가장 넓게 되어 있는 점의 바깥쪽에 돌출한
  뼈가 제5중 족지절 관절에 있다. 이 제5기절골저의
  융기한 앞쪽에서 족통곡을 취혈한다.

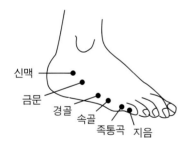

- 속골 : 누운 자세에서 발을 안으로 돌려서 취혈. 발폭이 가장 넓게 되어 있는 점의 바깥쪽에 돌출한 뼈가 제5중족지절관절에 있다. 이 제5기절골저에서, 후방이 제5중족골두에 있다. 이 제5중족골두의 뒤쪽에 속골을 취혈한다.

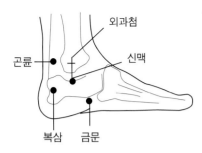

- 곤륜 : 누운 자세에서 취혈. 바깥 복사뼈의 중심에서 수평으로 손가락을 아킬레스건의 방향으로 움푹 패인 곳을 느낀다. 이 패인 곳에서 바깥 복사뼈 뒤쪽과 아킬레스건 앞쪽의 거의 중앙에 곤륜을 취혈한다.

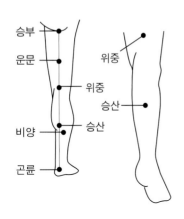

- 위중 : 엎드린 자세로 취혈. 무릎 뒤 주름의 중간 지점에서 위중을 취혈한다.

■ 얼굴에 나타나는 징후-방광(膀胱)

1) 코밑에 생긴 뾰루지(여드름은 예외, 또 여성일 경우에는 자궁 기능의 감퇴, 항진, 병변을 암시하는 수도 있다.)

2) 볼 아래에 생긴 뾰루지(넓적다리 = 방광 기능을 포함, 여드름 예외)

3) 귀를 둘러싼 모든 이상, 병변, 질환[방광과 귀는 모두, 오행에 있어서 '수(水)'이므로 밀접]

4) 광대뼈 좌우에 달아오름을 느낀다. (신장 기능의 병변을 암시하는 경우도 있다.)

■ 얼굴에 나타나는 징후 - 자궁(子宮)

1) 코밑(입과 코 사이)에 생긴 뾰루지(여드름은 예외, 또 방광 기능의 감퇴, 항진, 병변을 암시하는 경우도 있다.)

2) 볼 아래에 생긴 뾰루지(넓적다리 = 여성일 경우 자궁 기능을 포함. 여드름 예외)

과로 상태 예고

1) 눈언저리가 푸석푸석하다. (과로를 넘어서서 쇠약의 암시이기도 하다.)

2) 눈 아래에 기미가 낀다. (눈 주위가 검어지는 것도 같다. 신장 기능에 이상이 있는 경우도 있다.)

3) 혀가 위축된다.

4) 요즈음 트림이 많이 난다. [기(氣)의 역행]

5) 요즈음 하품이 많이 난다. (신장 기능에 이상이 있는 경우도 있다.)

6) 얼굴이 무의식 중에 찡그려진다.

7) 얼굴 전체에 긴장이 풀린다.

8) 코에 개기름이 흐른다.

정력 감퇴 예고

1) 얼굴빛이 파랗다. (빈혈의 암시일 수도 있다.)

2) 코나 입 사이에 뾰루지가 났다. (자궁, 방광의 이상 = 생식 기능 감퇴)

3) 눈동자가 흐리멍텅하고 생기의 빛이 없다.

4) 눈의 주위가 검고 기미가 낀다. (신장 기능의 병변을 암시하는 경우도 있다.)

5) 눈 주위가 푸석푸석하다. (과로, 쇠약의 암시)

6) 콧등에 기름기가 없다. (영양 부족)

7) 코에 활기가 없다. (영양 부족)

8) 혀의 한가운데에 빨간 선이 떠오른다. (영양 부족)

9) 혀가 오그라든다. (체력 저하)

10) 볼에 활력이 없고 어두컴컴하게 느껴진다.

11) 귀에 활력이 없다.

성인병

1) 얼굴이 푸석푸석하다.

2) 얼굴에 활기가 없다.

3) 얼굴에 광택이 없다.

4) 피부가 까슬까슬하고 건조하다.

5) 흰머리가 늘어난다.

6) 머리털이 눈에 띄게 많이 빠진다.

7) 시력 저하가 걱정된다.

8) 청각이 둔하다.

고혈압

1) 얼굴빛이 상기된 듯하다.

2) 눈의 흰 부위가 충혈되어 있다.

3) 까닭 없이 코가 잘 막힌다. (코의 점막이 혈압에 의해서 압박)

4) 귀가 어둡다. (귀의 점막이 혈압에 의해서 압박)

5) 땀이 많이 흐른다.

6) 숨결이 거칠다.

수궐음심포경(手厥陰心包經)

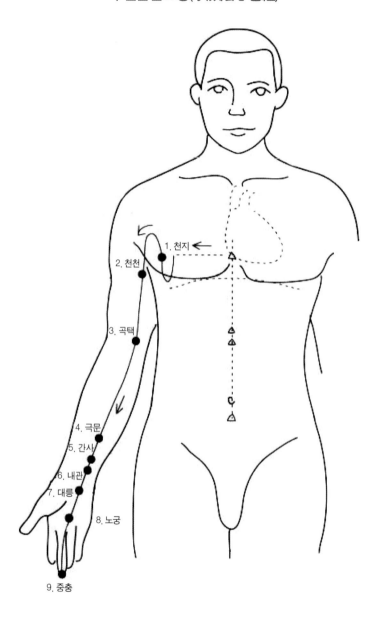

1. 천지
2. 천천
3. 곡택
4. 극문
5. 간사
6. 내관
7. 대릉
8. 노궁
9. 중충

■ 유주(流注)

- 단중 ⇒ 족소음신경(폐 → 심장 → 유주)의 가지를 받음 ⇒ 심장의 외곽을 둘러싸서
  동·정맥 주관 ⇒ 횡격막 ⇒ 삼초

- 단중 ⇒ 천지 ⇒ 내관 ⇒ 노궁 ⇒ 중충 ＼ 관충

오유혈(五兪穴)		
정목혈(井木穴) ~ 중충(中衝)	형화혈(榮火穴) ~ 노궁(勞宮)	
유토혈(兪土穴) ~ 태릉(太陵)	경금혈(經金穴) ~ 간사(間使)	합수혈(合水穴) ~ 곡택(曲澤)

■ 취혈 방법

- 중충 : 중지를 펴서 취혈. 중지의 엄지 측 손톱 모서리로부터 2mm 상방에서 중충을 취혈한다.

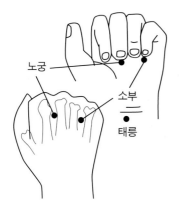

- 노궁 : 손바닥을 위로 해서 취혈. 손바닥의 제2, 3중수골 사이에 중수골의 골저와 골두 중앙에서 약간 제3중수골 근처에 노궁을 취혈한다.

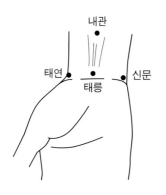

- 태릉 : 손바닥을 위로해서 취혈. 손바닥에 가까운 손바닥 수관절의 옆 주름 중앙을 더듬으면 두 줄기의 건을 느낀다. 이 두 건 사이에서 수관절 장면의 가장 굵은 옆주름 위에서 태릉을 취혈한다.

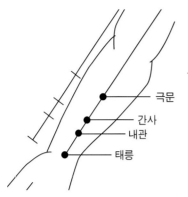

- 간사 : 취혈 자세와 요령은 위의 극문과 같다. 손목 즉 수근횡문의 정가운데에서 위로 3치 되는 곳이 간 사이다.

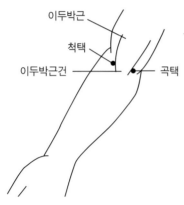

- 곡택 : 앞팔을 밖으로 돌려서 취혈. 팔꿈치에 생기 는 가로무늬상의 약간 중앙에 가볍게 손가락을 놓 으면, 종으로 달리는 한 줄기 조금 두꺼운 건을 느낀 다. 이것이 상완이두근건으로, 이 건의 소지 측 패인 곳에 곡택을 취혈한다.

수소양삼초경(手少陽三焦經)

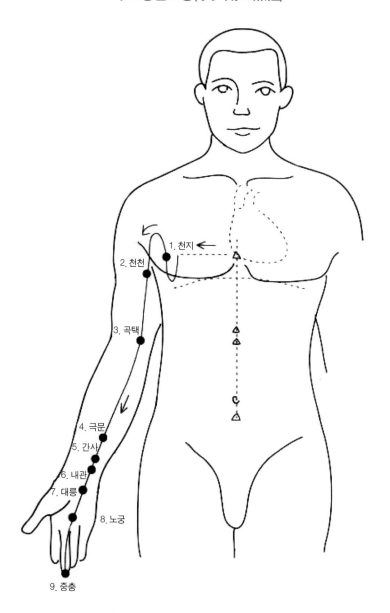

1. 천지
2. 천천
3. 곡택
4. 극문
5. 간사
6. 내관
7. 대릉
8. 노궁
9. 중충

■ 유주(流注)

- 관충 ⇒ 외관 ⇒ 천정 ⇒ 병풍(소장경) ⇒ 담경 ⇒ 쇠골로 들어간다 ⇒ 결분(위경)
  ⇒ 아래로 ⇒ 단중 ⇒ 횡격막 ⇒ 삼초

- 단중 ⇒ 결분 ⇒ 대추 ⇒ 천유 ⇒ 예풍 ⇒ 각손 ⇒ 두유 ⇒ 눈밑 권료
                         (족양명위경)

- 예풍 ⇒ 귀속 ⇒ 천궁 ⇒ 이문 ⇒ 화료 ⇒ 객주인(담경) ⇒ 뺨 ⇒ 동자료 ⇒ 사죽공
  (담경과 교회)

오유혈(五兪穴)
정금혈(井金穴) ~ 관충(關衝)   형수혈(榮水穴) ~ 액문(液門)
유목혈(兪木穴) ~ 중저(中渚)   경화혈(經火穴) ~ 지구(支溝)   합토혈(合土穴) ~ 천정(天井)

■ 취혈 방법

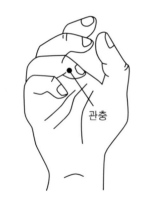

- 관충 : 손등을 위로 해서 취혈. 제4지(약지)의 소지 측(척 측)에서 손톱으로부터 2mm 상방에 관충을 취혈한다.

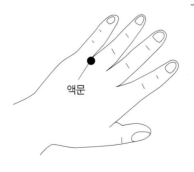

- 액문 : 손등을 위로 해서 취혈. 제4지(약지)의 붙은 부분을 척 측(소지 측)에 끼운 듯이 잡고, 위쪽 손목 방향으로 찰과하면 두껍게 되어 있는 기절골저를 느낀다. 그 골저부의 바로 아래의 소지 측에서, 손등과 손바닥 피부의 경계선에 액문을 취혈한다. 제5지와 제4지 사이에서 제4지의 세 번째 뼈 끝 부분으로, 손바닥과 손등 피부의 경계면상에 있다.

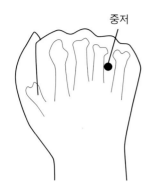

- 중저 : 손등을 위로 해서 취혈. 제4, 5중수골 사이를 밑으로(손끝 방향) 문지르면, 중수골두가 양 측으로부터 크게 되어 간격이 좁아진다. 그 골두 바로 위에 거의 제4중수골 쪽에 접근한 점에 중저를 취혈한다.

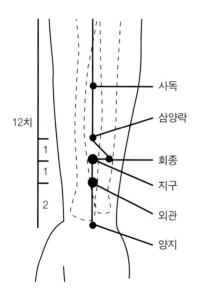

- 지구 : 손목 등쪽을 위로해서 취혈. 팔꿈치를 굽혀서 팔꿈치 뒤쪽에 척골 상단을 찾는다. 제5지를 강하게 펴면 손목의 등 쪽에 신근건이 나온다. 그때 제2, 3, 4지건은 손목에서 3가닥이 되어 편 손가락 건과 근육을 이루고, 제5지건은 약간 떨어져 소지 신근건이 되어 손목의 관절부에서 낮게 패인 곳을 만들고 있다. 이 패인 곳의 중앙에서 편 손가락 건과 근육 가까이 척골하연의 바로 밑에 양지를 찾는다. 주두의 정점과 양지의 사이를 4등분해서 양지에서 1/4의 곳에 지구를 취혈한다.

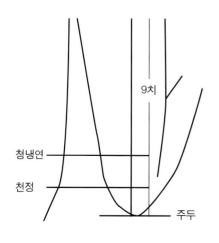

- 천정 : 앉은 자세로 상완(위팔)의 후면에서 취혈. 팔꿈치의 뒤쪽에 돌출한 주두의 위 가장자리에서 견봉 부분으로 향한 2cm 위쪽의 팔꿈치 직선상에 생기는 패인 곳의 중심에 천정을 취혈한다.

6. 기경팔맥

1) 기경팔맥 복부진단법

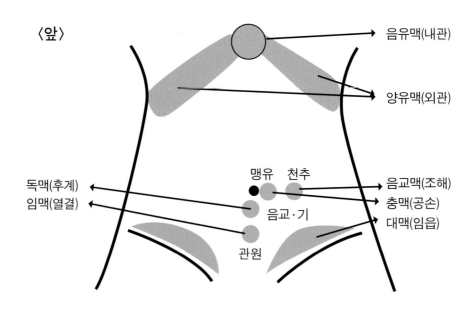

〈앞〉

음유맥(내관)

양유맥(외관)

맹유 천추

독맥(후계)
임맥(열결)

음교·기

관원

음교맥(조해)
충맥(공손)
대맥(임읍)

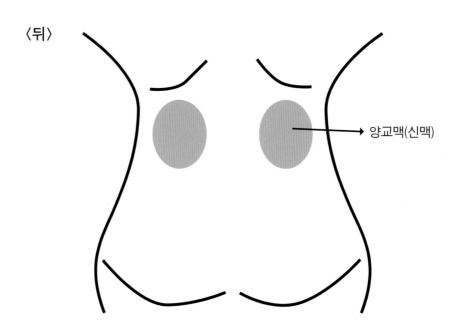

〈뒤〉

양교맥(신맥)

2) 기경팔맥 경혈 및 촉진법

기경팔맥	처치혈	촉진법
독맥	후계	左삼두박근
양교맥	신맥	右장단지
임맥	열결	右곡지
음교맥	조해	左장단지
충맥	공손	左혈해
음유맥	내관	右삼두박근(면역)
대맥	임읍	右혈해
양유맥	외관	左곡지

* 면역과 관계 되는 것 : 흉선, 右맹유, 맹문혈, 림프, 편도, 비경, 간경, 신경

기경팔맥 촉진법과 관리 방법은 다음과 같다.

• 촉진할 위치에 지그시 눌러 통증의 정도를 확인한다.

• 그림의 위치 8곳을 모두 촉진한 다음 통증을 가장 많이 느끼는 곳을 확인하고 표에 나와 있는 촉진법에 해당되는 부위 통증 확인 후 관리한다.

• 관리 후 그림의 촉진 위치와 표의 촉진법에 해당하는 곳의 통증 완화를 확인시켜 준다.

• 이곳에 아로마, 스톤, 컬러 요법 등을 활용하여 관리할 수 있다.

3) 기경팔맥의 적응증

기경팔맥 : 360혈을 60혈로 줄인 것이 음양오행, 8혈로 줄인 것

기경팔맥	적응증

임맥	- 손목이나 엄지 뿌리가 아플 때 : 둘째, 셋째 발가락 사이 추양
	- 기관천식, 발작 : 열결, 조해, 인형, 운문, 내관, 공손, 대추혈의 양쪽 1.5cm(태음인들)
	- 팔 안쪽 : 열결, 조해, 내관, 공손, 극문, 공최
	- 대상포진 : 열결, 조해, 신맥, 후계, 단중, 장문(11번째 늑골), 바이러스 없애는 아로마, 흉선에서 -↓, 에너지 넣어준다.
	- 급성 위염 : 가슴 쓰리고, 헛구역질, 식욕 없고 배가 더부룩, 열결, 조해, 공손-내관, 중완-족삼리
	- 성 무력증 (정력 쇠퇴, 발기 부진) : 조해, 열결, 내관, 공손, 중극, 관원, 요양관(허리띠 라인으로 가운데 척추뼈)
	- 폐경(우울증이 있을 때) : 열결-조해(신경), 합곡, 충양
	- 감정의 문제들이 쌓인다.
	- 속이 넓어진다, 모든 것을 용서하고 포용하고 받아들이는 역할을 한다. 음경의 바다(음 에너지가 넘쳐난다.)
	  만성(구역질, 식욕 없고, 복부 팽만) : 열결, 조해, 내관, 공손
	  치질 통증 : 열결, 조해, 내관, 공손, 대추, 공최, 천추, 장강, 백회

독맥	- 감기, 열병에 따른 두통 - 눈이 빨갛게 붓고 머리 주위가 부어서 아프다. - 목이 붓고 아프다. - 목덜미, 등, 허리가 굳어서 아프다. - 허벅지나 무릎이 차서 아프다. - 수족의 마비, 당김, 떨림과 무릎, 발목이 부어서 아프다. - 류머티스, 신경통, 피로, 흥분, 노이로제 - 중풍, 실어증, 간질, 파상풍 - 전신이 시릴 때 : 휴계, 신맥, 열결, 조해, 기해, 신주, 요양관(요추 5번), 신유지실(요추 2번), 삼음교 - 팔이 저릴 때 : 후계, 신맥, 임읍, 외관, 수삼리, 요양관, 태계혈
양교맥	- 감기, 열병에 따른 두통 - 코피, 난청, 귀머거리, 눈이 아프고 얼굴에만 땀이 흐른다. - 등, 허리가 굳어서 아프다. - 사지관절이 차고, 붓고 아프고, 마비, 경련

기경팔맥	적응증
양교맥	- 몸이 붓고 간질, 파상풍 - 산후에 땀을 잘 흘리고 바람 쏘이는 것을 싫어한다. - 어깨 오른쪽 거궐혈이 아프고 천주가 아프다. - 유양돌기(귀 뒤) - 거궐 : 대장경 : 상양과 합곡이 아프다. - 대장경(거골), 방광경(천주) : 유칼립투스 (거골은 방광과 대장), 신맥 +↓, 후계 -↓, 샌들우드, 유칼립투스 - 위중혈로 처치 무릎 아래쪽 : 외관, 임읍 무릎 뒤 : 신맥 후계 무릎 양 : 공손, 내관 - 팔·다리 아플 때(쥐) : 신맥-후계, 외관-임읍 = 로즈메리, 라벤다, 승산, 족삼리 - 등 결릴 때 통증 : 신맥, 후계, 임읍, 외관 우측 등은 좌측 후계를 쓰고, 신맥혈을 쓴다. - 잠을 못 잤을 때 : 신맥, 후계, 임읍, 외관, 견정, 흉쇄유돌근
양유맥	- 두통, 눈이 충혈, 붓고, 부시고 어두워서 잘 안 보인다. - 코피가 자주 난다. - 두통, 편두통 - 수족이 냉하거나 열이 있고 붓고 마비, 아프다. - 열병으로 인한 열감과 땀을 잘 흘린다. - 냉증 : 하반신, 허리, 무릎, 다리 시릴 때 - 손목 아플 때 : 외관, 임읍, 양지, 양계 - 가슴 두근거림 : 외관, 임읍, 공손, 내관, 단중, 극문 - 오십견(팔을 들었을 때 아플 때) : 천종, 양보, 견우, 삼음교, 삼간, 이간 - 어깨 결림(견갑골 안쪽) : 외관, 임읍 - 두통, 편두통 : 외관, 임읍, 태양혈(눈썹 옆 아픈 곳) - 삼차신경통 : 관자 청궁, 힘차, 영향, 협골, 거근 - 독맥증 좌측 후계-↓, 로즈메리, 신맥=샌들우드, 천추혈 아픔, 엉덩이 아픔, 선 장관절 통증 없어짐, 다각통, 발꿈치 통증 없어짐 - 양유맥증 대맥증 : 좌우중, 외관(우측) 아픔 좌측 규음 아픔 우측 외관 라벤다

기경팔맥	적응증
양유맥	- 기경 : 에너지가 잘못된 걸 조정해 주는 역할, 넘치는 걸 없애는 것, 홍수가 나면 물부터 닦고 물건을 털고 놓는다. - 임신 7주 : 왼쪽 양유맥, 관충 : 오른쪽 통증 심함, 삼초 : 우측 배꼽에서 10시 방향으로 세 손가락 위치 - 담경(간, 심포, 비, 위, 소장, 담경)과 삼초경을 하나로 - 좌측 규음 : 통증 심함 - 좌측 담경-지음-일월-담유 - 우측 외관(라벤더) +↓, 임읍 +↓
음교맥	- 결분을 거쳐서 축농증도 처리(*비염) - 전두엽 : 지혜를 나타내 준다. 사고 과정을 컨트롤 (신경이 지혜를 나타내는 이유) - 소음인들이 머리가 좋다. - 긴장성 변비, 일반 변비, 담즙 - 인생이 변한다는 것은 에너지의 변화이다.
음유맥	- 간, 심포 : 태풍-간유(펜넬) - 성 생활의 즐거움이 없다. - 명치 밑이 아프면서 : 내관, 공손, 중극, 욕태(위경)혈을 쓴다. - 현기증 급히 일어날 때 : 내관-공손, 외관-입읍 - 심포경 : 명치, 단중, 중충과 연결 - 음유맥은 내관혈+공손 - 임산부들에게 해독하는 오일 : 그레이프룻트, 레몬 등

충맥	- 상기증 (발이 차고 머리에 열이 달아오르는 것) : 공손, 내관, 조해, 열결 엇갈리게
	- 생리통, 하복부, 요통, 두통, 헛구역질, 거친 살결
	- 비-폐 : 공손, 내관, 심포=간, 열결, 조해, 입읍, 외관
	- 삼음교, 자궁, 난소
	- 중극 +↓, 신맥 +↓, 은영 단중 +↓, 맹유 +↓, 내관 -↓(로즈우드, 유칼립투스), 공손 +↓ (라벤더)
	- 맹유가 아프면
	     축맥(비경) 음유(심포)
	     공손 + 내관
	 (삼음교 눌러봐서 아프면 공손)

기경팔맥	적응증
대맥	- 심한 두통, 정수리 부분이 붓고 눈이 충혈되어 눈물이 나온다. - 난청, 청각장애인, 이가 아프고 뺨 주변이 아프다. - 옆구리가 아프다. - 현기증, 근육통, 담경, 위경의 통증, 늑골 주변의 통증 - 몸이 붓고 신체의 저림, 마비 - 내관은 심포 : 궐음, 단중 - 태충 : 기문, 간유

7. 사상의학과 팔체질 의학

우리나라에는 조선시대 말엽에 실학사상의 영향으로 태동되어 1894년 동무(東武) 이제마(李濟馬) 선생에 의하여 창안된 '사상의학'이 있다.

사상의학(四象醫學)은 종래의 견해에 비하여 현실적인 측면에서 독특한 '사상구조론'을 바탕으로 태양인(太陽人), 소양인(少陽人), 태음인(太陰人), 소음인(少陰人)의 4가지 체질을 설정하고 각 체질에 대한 생리·병리·진단·병증·치료와 약물에 이르기까지 서로 연계를 갖고서 임상에 응용할 수 있는 새로운 방향을 제시한 이론이다.

할아버지 충원공이 탐스럽고 사랑스러운 망아지를 어루만지는 꿈을 꾸고 깨어났는데, 그때 마침 어떤 여인이 강보에 갓난아기를 안고 들어왔다. 충원공이 조금 전에 현몽이 떠올라 모자를 받아들이고 그 아이의 이름을 제주도 말을 얻었다 하여 제마(濟馬)라고 명명하였다.

쾌활하고 총명한 이제마 선생은 7세부터 글을 배웠는데 타고난 총명성을 바탕으로 경서(經書)를 통독하고 역경(易經)에도 밝았으며, 특히 무예를 좋아하였다. 13~15세경에 각지를 다니면서 견문을 넓혔으며 만주와 소련 등지를 유람하면서 새로운 문물과 사조를 느꼈다고 전해진다. 평소 열격병과 해역병의 지병을 앓고 있던 선생은 의학에 관심을 가지게 되었고, 훗날 사상체질을 발견하고 이론화하는 업적을 남겼다.

그의 사상은 주로 저서 《격치고》(格致藁)와 《동의수세보원》(東醫壽世保元)에 잘 나타나 있는데, 천인성명(天人性命)의 이론적 체계를 바탕으로 사상인 장부성리(四象人 臟腑性理)의 특징을 발견, 이를 의학에 적용하여 질병의 예방과 치료에 있어 새로운 발전을 가져왔으며, 일상생활 속에서 쉽게 활용할 수 있는 방법을 싣고 있다.

사상체질 의학을 간략히 요약하면, 사람의 체질을 오장육부의 대소와 성정(性情)의 차이에 따라 태양인(太陽人), 태음인(太陰人), 소양인(少陽人), 소음인(少陰人)의 4종류로 나누며, 같은 병이라도 병증보다는 환자의 체질에 따라 처방을 달리해야 한다는 이론으로 임상학적(臨床學的)인 방법에 따라 질병의 예방과 치료 및 양생(養生)의 방법을 제시하고 있다.

▶ 사상의학에 기초한 체질 분류

사상의학에 기초한 체질 분류는 크게 태양인, 태음인, 소양인, 소음인으로 나뉘는데, 그 체질에 맞게 음식, 목욕, 호흡법을 조절해 줘야 신체에 무리가 가지 않으며 보다 효과적인 건강관리가 된다.

1) 태양인

판단력과 진취성이 강한 태양인은 폐 기능이 발달하고, 간 기능이 약한 체질. 외형상 머리가 크고 얼굴이 둥근 편이다. 대체로 마르고 상체가 발달한 반면 척추와 허리 및 하체가 약한 것이 특징이다.

특히 태양인은 땀을 흘리는 것이 몸에 좋지 않으므로 사우나는 피하고, 미지근한 물로 샤워하는 것이 바람직하며, 자전거나 하체 단련 운동이 좋다.

▶ 그 밖의 태양인의 특징

창의성이 높으며 진취성, 결단력이 강하다.
출세 지향적이며 공격성 기질이 있다.
소유욕과 독점욕이 강하다.
늘 비스듬히 기대고 앉거나 눕기를 좋아한다.
대체로 마른 편이다.
가슴이 크고 허리와 엉덩이가 작아 전체적으로 역삼각형꼴이다.
간장병, 식도협착, 식도경련, 불임 등을 앓고 있거나 앓은 적이 있다.
무, 조기, 인삼, 꿀, 설탕을 먹으면 자주 탈이 난다.

2) 태음인

4체질 중 체격이 건장한 태음인은 간 기능이 발달하고, 폐 기능이 허약한 체질이다. 지구력이 있고 대기만성으로 점잖고 포용력이 있는 스타일. 태음인은 비교적 식성이 좋고 많이 먹는 체질이나 성격상 자주 폭음 폭식하는 편이므로 간혹 위장장애를 일으키기 쉽다. 이러한 태음인은 땀을 많이 흘릴수록 건강에 좋고, 온수욕이나 사우나가 효과적이다. 빨리 걷거나 조깅, 등산이 체질에 맞는 운동법이다.

▶ 그 밖의 태음인의 특징

점잖고 속이 깊으며 말수가 적다.
간혹 외곬으로 무모한 면이 있다.
가슴 부위가 약하고 허리와 배가 잘 발달되었다.
전반적으로 체격이 크고 굵으며 비만한 편이다.
배가 나왔으며 원통형의 모습이다.
손발이 잘 트고 땀이 생리적으로 많고, 땀을 흘려야 건강하다.
급성 폐렴, 기관지염, 천식, 고혈압, 심장병 등을 앓고 있거나 앓은 적이 있다.
닭고기, 마늘, 인삼, 후추 등을 먹으면 탈이 나는 편이다.

3) 소양인

소양인은 소화기 계통의 기능이 왕성하고, 신장, 방광의 기능이 허약한 체질로, 골격은 가는 편이며 특히 다리가 가는게 특징이다. 솔직담백, 다정다감하고 희생 정신이 강하며, 다혈질인 소양인에게는 닭고기, 인삼, 꿀과 같이 열이 많은 음식은 피하는 것이 좋다.

▶ 그 밖의 소양인의 특징

솔직하고 다정다감하며 희생, 봉사 정신이 있다.
민첩하고 판단력이 빠르며 임기응변이 능하다.
싫증을 잘 내며 실수가 잦고 성급하다.
조리 없게 말하며 크게 떠든다.
어깨와 가슴이 발달되고 엉덩이가 작아 역삼각형 꼴이다.
신장염, 방광염, 요도염, 조루증, 임신곤란증, 주하병(여름을 타는 증상)을 앓거나 앓은

적이 있다.

가장 열이 많은 체질로 항상 속에 열이 있고 손발이 뜨겁다.

개고기, 닭고기, 꿀, 인삼 등을 먹으면 탈이 난다.

4) 소음인

소음인은 소화기가 허약하고, 신장과 방광 기능이 발달하여 상체보다는 하체가 건실한 체질이다. 애교가 많고 미남 미녀가 많으며, 매사에 완벽을 추구하며 너무 깔끔하여 결벽성이 있는 편으로, 땀을 많이 흘리지 않는 것이 좋다. 과도한 근력 운동보다는 수영이 가장 좋은 운동이다.

▶ 그 밖의 소음인의 특징

사리가 분명하며 인내심이 있으나 다소 이기적이다.

매사에 빈틈이 없고 완벽성을 추구하며 깔끔하다.

논리가 정연하고 조용조용 말한다. 말수가 많다.

눈, 코, 입이 비교적 작고 오밀조밀하다. 입술은 얇다.

어깨와 가슴이 좁고 엉덩이가 푸짐하여 정삼각형 모양이다.

위무력감, 위염, 설사, 냉증, 신경성질환 등을 앓고 있거나 앓은 적이 있다.

가장 몸이 냉한 체질로 늘 손발이 차고 저리다.

아이스크림, 냉면, 라면, 참외를 먹으면 탈이 난다.

8. 팔체질

8체질은 동호 권도원 박사가 동무 이제마 선생의 사상체질 의학을 연구하다가 한 체질에 생리·병리 현상이 뚜렷한 다른 두 가지 형태가 존재하는 것을 발견하고, 처음으로 완성한 체질의학이다.

8체질 의학의 원리는 우리 체내에 있는 여러 장부 사이의 강약의 배합이 오직 8개의 구조로 나누어진다는 것인데, 각각의 이름을 금양인, 금음인, 토양인, 토음인, 목양인, 목음인, 수양인, 수음인 체질로 구분한다. 자신의 체질을 정확하게 판별하여 그에 따른 치료를 하고 해로운 음식과 유익한 음식 등을 가리는, 즉 체질에 맞는 생활습관을 가지면 건강할 수 있다는 것이 8체질 의학의 원리이다.

금양경락 : 오장육부 중 폐가 제일 크고 간이 제일 작아, 간과 폐에 병이 잘 온다.

금음경락 : 오장육부 중 대장이 길고 쓸개가 작아, 대장과 쓸개에 병이 잘 온다.

목양경락 : 오장육부 중 간이 제일 크고 폐가 제일 작아, 간과 폐에 병이 잘 온다.

목음경락 : 오장육부 중 쓸개가 크고 대장이 짧아, 쓸개와 대장에 병이 잘 온다.

수양경락 : 오장육부 중 신장이 크고 췌장이 작아, 신장과 췌장에 병이 잘 온다.

수음경락 : 오장육부 중 위가 작고 방광이 커, 위와 방광에 병이 잘 온다.

토양경락 : 오장육부 중 신장이 작고 췌장이 커, 신장과 췌장에 병이 잘 온다.

토음경락 : 오장육부 중 위가 작고 방광이 작아, 위와 방광에 병이 잘 온다.

[장부의 대소 관계]

음 = 5장〈간, 심, 비, 폐, 신〉 심포 / 양 = 6부〈담, 소장, 위장, 대장, 방광〉 삼초

사상체질	강약장부		팔상체질
	최강 > 강 > 평 > 약 > 쇠약		
태양인	폐 > 비(췌) > 심 > 신 > 간		金陽(금양)
	대장 > 위 > 소장 > 방광 > 담		
태양인	대장 > 방광 > 위 > 소장 > 담		金陰(금음)
	폐 > 신 > 비(췌) > 심 > 간		
태음인	간 > 신 > 심 > 비(췌) > 폐		木陽(목양)
	담 > 방광 > 소장 > 위 > 대장		
태음인	담 > 소장 > 위 > 방광 > 대장		木陰(목음)
	간 > 심 > 비(췌) > 신 > 폐		
소양인	비(췌) > 심 > 간 > 폐 > 신		土陽(토양)
	위 > 소장 > 담 > 대장 > 방광		
소양인	위 > 대장 > 소장 > 담 > 방광		土陰(토음)
	비(췌) > 폐 > 심 > 간 > 신		
소음인	신 > 폐 > 간 > 심 > 비(췌)		水陽(수양)
	방광 > 대장 > 담 > 소장 > 위		
소음인	방광 > 담 > 소장 > 대장 > 위		水陰(수음)
	신 > 간 > 심 > 폐 > 비(췌)		

〈팔체질과 아유르베다 이중 도샤의 특징〉

● 태음인(KAPHA)

1. 목욕법

일년 내내 온수욕과 땀을 많이 흘리는 것이 좋고 목욕 후 땀은 천천히 스미도록 해줌.

2. 호흡법

늘숨 길게, 날숨 짧게.

3. 운동법

마라톤, 조깅, 골프, 등산, 단체 운동, 구기종목, 사행성놀이(내기) 금물.

4. 섭생법

과도한 간 기능을 소모시키고 심폐 기능을 회복시키기 위해서는 육식 위주의 식생활이 좋음. 생채 소식 금물.

1) 목양 (V-K)

(1) 외형

뚱뚱하고 풍채가 좋고 체구가 크다.

얼굴이 검거나 붉으며 배가 나오고 허리가 굵다.

살이 잘 찐다. (눈사람 타입)

(2) 성격

말수가 적고 과묵한 편. 곰 같다는 소리를 잘 듣는다.

행동이 느리고 만사에 느긋하며 좀 게으른 편이고 운동을 싫어한다.

인정이 많아 남의 잘못을 쉽게 용서하는 편으로 보수주의자가 많다.

(3) 생리 · 병리

땀을 유달리 많이 흘리고 사우나에 가서 땀을 빼고 나면 몸이 개운하다.

혈압이 높으며 마취가 잘 안 된다. 조금만 움직여도 씩씩거리며 엄살이 많다.

(4) 음식 조절

건강할 때는 귀찮도록 땀이 나고 쇠약할 때는 오히려 땀이 없어진다.

무슨 방법으로든지 땀만 흘리면 몸이 가벼워지는 것을 느끼는 것은 체질적으로 땀이 많이 나야 하기 때문이며 항상 온수욕을 즐기는 것이 좋은 건강법이다. 말을 적게 하고 술을 끊어야 하며, 약간 고혈압인 편이 건강한 상태이다.

해로운 것	유익한 것
술·모든 조개 종류·모든 푸른 채소(시금치, 쑥, 얼갈이)·게·새우·낙지·오징어·배추·코코아·초콜릿·모과차·포도당 주사·수영·메밀·푸른 색깔의 벽지	모든 육식·쌀·콩·밀가루·수수·두부·무·당근·도라지·연근·우유·커피·장어·미꾸라지·마늘·배·사과·수박·호두·잣·밤·버섯·설탕·비타민 A.D·알카리성 음료·심호흡 운동은 길게

2) 목음(P-K)

(1) 외형

살결이 희고 부드러우며 무르다.

피부가 약하다.

(2) 성격

감수성이 예민하고 성격이 조급하다.

유순하고 착하고 모질지 못하며 봉사 정신이 투철하며 인사성이 밝고 순종하는 편

신경 쓰면 불면증에 시달린다.

(3) 생리·병리

대변을 자주 본다.

아침 식사 후 바로 대변을 본다.

추위를 잘 타고 손발이 냉하며 감기에 잘 걸린다.

소화가 잘 안 되며 설사를 잘한다.

(4) 음식 조절

대장이 무력하여 하복부가 불편하고 다리가 무겁고 허리가 아프며 통변이 고르지 않다. 그뿐만 아니라 정신이 우울하고 몸이 차고 때로는 불면증을 겪기도 한다. 그러므로 항상 아랫배에 복대를 하는 것이 좋은 건강법이다.

해로운 것	유익한 것
모든 종류의 조개·술·메밀·고등어·게·새우·오징어·배추·망고·초콜릿·인삼·포도당주사·푸른색의 벽지	모든 육식·쌀·콩·수수·밀가루·두부·장어·미꾸라지·우유·호박·무·도라지·연근·밤·배·잣·호두·은행·수박·율무·버섯·설탕·마늘·비타민 A.B.·녹용·스쿠알렌·심호흡 운동은 들여 마시기를 길게

● 소음인 (VATA)

1. 목욕법
주에 1회 목욕, 냉수욕, 되도록 짧게.

2. 호흡법
들숨 길게, 날숨 짧게.

3. 운동법
수영, 수구(땀 많이 나는 운동은 금물), 웅변, 단체 운동(개인종목은 가급적 피할 것).

4. 섭생법
비(脾) 기능의 선천적인 양분을 보존시켜야 하며 신수지기(腎水之氣)를 높이는 음식은 금물.

1) 수양(V-V)

(1) 외형
몸매가 아주 귀엽고 아름다우며 살이 잘 안 찌고 날씬한 편. 평소 마른 편인데 건강 관리를 잘못하면 더욱 살이 빠지고 원래 상태로 돌아오기 힘들다.

(2) 성격

번거로운 것을 싫어하고 내성적이다.

매사에 빈틈없이 꼼꼼함. 의심이 많아 남의 말을 잘 믿지 않음.

(3) 생리 · 병리

며칠 동안 대변을 못 봐도 불편하지 않다. 운동신경이 발달했다.

미각이 발달하여 음식을 잘 만든다. 두통이나 소화 불량에 잘 걸림.

(4) 음식 조절

봄과 여름보다 가을과 겨울에 더 건강한 것은 체질적으로 땀을 많이 흘리면 안 되도록 되어 있기 때문이다. 그렇기 때문에 냉수욕이나 냉수마찰(찬물에 수건을 꼭 짜서 온몸을 골고루 비벼서 열이 나게 하는 방법)을 즐기는 것이 땀을 방지하는 유일한 건강법이다.

해로운 것	유익한 것
보리 · 팥 · 오이 · 돼지고기 · 게 · 생굴 · 새우 · 감 · 참외 · 바나나 · 맥주 · 여름 · 비타민 E · 수은	찹쌀 · 현미 · 감자 · 옥수수 · 미역 · 김 · 염소고기 · 상치 · 무우 · 생강 · 쇠고기 · 노루고기 · 닭고기 · 참기름 · 마늘 · 겨자 · 후추 · 계피 · 카레 · 토마토 · 귤 · 오렌지 · 사과 · 망고 · 복숭아 · 벌꿀 · 인삼 · 비타민 B군 · 밝은 색깔

2) 수음(K-V)

(1) 외형

키가 작고 살이 안 쪄서 평생 마른 편, 평생 체중이 똑같다.

상체가 특히 약하다(좁다).

인상이 선하고, 눈이 항상 촉촉하다.

(2) 성격

소심하고 꼼꼼하다. 온순하고 부드러운 편.

남에게 주기보다는 받기를 원하고 말수가 적다.

어디를 가도 이 체질을 싫어하는 사람이 없다.

(3) 생리·병리

찬 음식을 먹으면 속이 불편하고 설사를 한다.

참외, 돼지고기를 먹으면 잘 체하고 설사를 하거나 두드러기가 난다.

(4) 음식 조절

건강은 소화와 깊은 관계를 가지고 있다. 온도적으로나 질적으로 냉한 음식을 먹으면 냉한 위가 더욱 냉각되어 모든 불건강과 불안과 공상 속으로 당신을 이끌어가기 때문이다. 항상 더운 음식을 취하고 과식을 피하도록 한다. 땀을 많이 흘리지 않도록 주의해야 한다.

해로운 것	유익한 것
보리·팥·오이·돼지고기·계란 흰자·생굴·조개·새우·게·참외·바나나·맥주·얼음·비타민·모든 냉한 음식·딸기·수은·담배·사우나	찹쌀·현미·감자·옥수수·누른밥·시금치·무우·닭고기·염소고기·노루고기·참기름·파·생강·마늘·겨자·후추·계피·토마토·사과·귤·망고·벌꿀·인삼·비타민 B군·밝은 색깔·산성음료수

● 소양인 (PITTA)

1. 목욕법
사우나 금물, 미지근한 물로 샤워.

2. 호흡법
들숨 짧게, 날숨 길게.

3. 운동법
하체 단련, 자전거, 개인 운동, 국궁, 명상, 참선, 독서.

4. 섭생법
신(腎) 기능의 선천적인 음분(陰分)을 보존시켜야 함. 비화지기(脾火之氣)를 높이는 음식은 금물.

1) 토양(K-P)

(1) 외형

상체가 발달하고 하체가 약하다.

(여자인 경우) 엉덩이가 작다.

체격은 보통이거나 마른 편이다.

(2) 성격

판단력과 감각(센스)이 탁월하다.

매우 활동적이고 외형적인 성격으로 호기심이 많다.

솔직담백하여 인기가 좋다.

생각과 행동이 빠른 편이다.

(3) 생리·병리

병원에서 저혈압이라는 소리를 듣는다.

추위를 잘 탄다.

(4) 음식 조절

조급한 성품과 직결되니 항상 여유 있는 마음으로 서둘지 않는 것이 가장 좋은 건강법이다. 저혈압은 건강한 상태를 말하며 술과 냉수욕은 좋지 않다.

해로운 것	유익한 것
찹쌀·현미·감자·파·미역·닭고기·염소고기·노루고기·개고기·후추·겨자·계피·카레·생강·참기름·사과·귤·오렌지주스·인삼·벌꿀·비타민 B군·망고·소화효소제·스트렙토마이신·붉은색의 인테리어	쌀·보리·밀가루·콩·팥·배추·양배추·무우·오이·당근·배·쇠고기·돼지고기·상어·생굴·새우·게·마늘·감·참외·수박·딸기·바나나·비타민·구기자차·영지버섯

2) 토음(V-P)

(1) 외형

상체가 발달하고 하체가 날씬하며 보통 체격이다.

대체로 날씬한 편(살이 잘 안 찜).

얼굴은 역삼각형이고 광대뼈 약간 나옴.

(2) 성격

직선적이고 쾌활하다.

좀 급한 편이다.

얼굴에 구김살이 없다.

(3) 생리·병리

아주 드문 체질이다. (희귀 체질)

아토피성 피부염이 많다.

비교적 건강한 편이다.

(4) 음식 조절

약의 부작용이 나기 쉬운 체질이므로 항상 주위를 요하며 음식은 기름진 것보다는 신선하고 시원한 것이 좋다. 술과 냉수욕은 피하는 것이 좋다.

해로운 것	유익한 것
감자·미역·닭고기·염소고기·개고기·노루고기·후추·겨자·계피·카레·파·생강·사과·귤·오렌지·망고·인삼·벌꿀·비타민 B군·페니실린·녹용·담배	쌀·보리·팥·양배추·오이·쇠고기·돼지고기·게·복요리·생굴·새우·감·배·참외·파인애플·포도·딸기·바나나·얼음·초콜릿·비타민 E

● 태양인 (VATA)

1. 목욕법

사우나 금물, 냉수욕, 목욕 시간 짧게.

2. 호흡법

들숨 짧게, 날숨 길게.

3. 운동법

하체 단련, 자전거, 바둑, 명상, 참선.

4. 섭생법

육식은 간 기능을 소모시키므로 육식 금물.

채식이나 생선회 위주의 식단이 좋음.

1) 풍, 금양(P-V)

(1) 외형

눈꼬리가 위로 올라갔으며 눈빛이 무섭다.

뒷머리에서 어깨 쪽으로 근육이 발달했으며 뒤통수가 나왔다.

마른 사람이 많고 뚱뚱한 사람도 제법 있다.

눈두덩이 튀어나오고 광대뼈도 나옴.

(2) 성격

독창성이 가장 뛰어나다.

비현실적, 비노출적, 비사교적이다.

대체로 내성적이지만 한 번 화내면 무섭다.

완벽주의자가 많으며 짜증을 잘 낸다.

음악가나 발명가가 많다.

(3) 생리 · 병리

알레르기성 질환이 가장 많다. 특히 아토피성 피부염에 걸린 대부분의 어린이는 대부분 풍 P-V 체질로 몸이 아프면 대변부터 불쾌해지고 알레르기가 생긴다.

사우나를 하면 몸이 쳐지고 겨울에 정전기를 잘 탄다.

(4) 음식 조절

화학물질을 쓰면 효과보다 해가 더 많고 휴식 후에 몸이 더 괴로워지는 것은 체질적으로 간 기능이 약하기 때문이다. 항상 채식을 주로 하고 허리를 바로 펴고 서는 시간을 많이 갖는 것이 건강의 비결이며, 일광욕과 땀을 많이 내는 것을 피하는 것이 좋다.

해로운 것	유익한 것
모든 육류·모든 기름·커피·차류·인공조미료·가공음료수·술·밀가루·수수·고추·마늘·버섯·설탕·무우·율무·당근·도라지·검정포도·밤·사과·수박·은행·계란 노른자·녹용·인삼·장어·모든 약물·비타민·영지버섯·금니·아트로핀 주사·술·담배	모든 조개 종류·쌀·메밀·보리·팥·계란 흰자·쑥·오이·배추·양배추·기타 푸른 채소·고사리·게·새우·굴·젓갈·대부분의 생선·코코아·초콜릿·복숭아·바나나·파인애플·딸기·포도당주사·심호흡 운동은 내뱉는 숨을 길게

2) 금음(V-V)

(1) 외형

날카로운 눈매로 눈끝이 올라가고 눈두덩이와 광대뼈가 나옴.
보통 체격 내지는 뚱뚱한 체격이 많다.
체력이 뛰어난 편으로 지칠 줄 모른다.

(2) 성격

잘 설치고 조그만 일에도 화를 잘 낸다. 아주 급한 성격, 야무지고 고집이 세다.
한눈에 꿰뚫어 보는 직관력과 야심, 뛰어난 통치력의 소유자가 많다.
겁이 없고 과격하다.

(3) 생리·병리

하복부가 항상 더부룩하고 가스가 찬다. 몸이 안 좋으면 대변부터 이상이 온다.
알레르기 질환이 많다. 감기를 달고 산다.
희귀한 병(파킨스병, 진행성 근위축증)이 잘 걸림.

(4) 음식 조절

육식을 과하게 하거나 화내는 일이 잦으면 나아지기 어려운 근육무력증이 생길 우려가 있으니 주의하고, 만일 이런 병이 생기거든 바로 육식과 화 내는 것, 화학물질 사용을 끊어야 한다. 일광욕과 지나치게 땀을 내는 것은 좋지 않다.

해로운 것	유익한 것
모든 육류·모든 기름·인공조미료·밀가루·수수·콩·은유·설탕·커피·율무·복숭아·수박·밤·잣·은행·도라지·연근·무·당근·마늘·귤·녹용·장어·금니·비타민 A·D·E·모든 약물·영지버섯·술·담배	메밀·쌀·모든 조개 종류·모든 채소·김·젓갈·포도·앵두·겨자·후추·코코아·포도당주사·심호흡 운동은 내뱉는 숨을 길게

9. 경락에 의한 체질별 복부관리 임상수기요법

● 복부

복부관리 시 체질별 경혈 자극 관리 방향

시계 방향 효과 : 항진, 자극, 활성을 통한 장기 에너지 밸런스 조절 ↷

반시계 방향 효과 : 진정, ↶

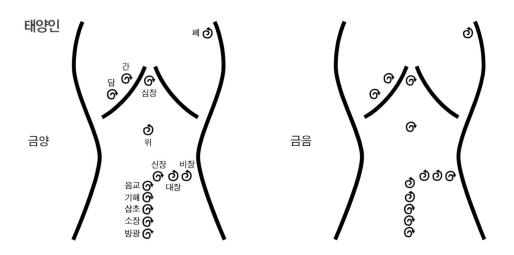

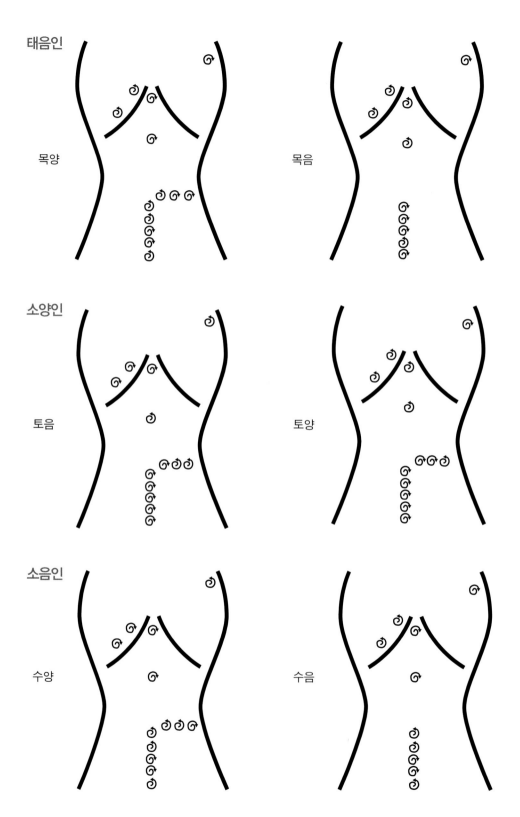

태음인

목양

목음

소양인

토음

토양

소음인

수양

수음

10. 경락에 의한 체질별 등 관리 수기요법

•등

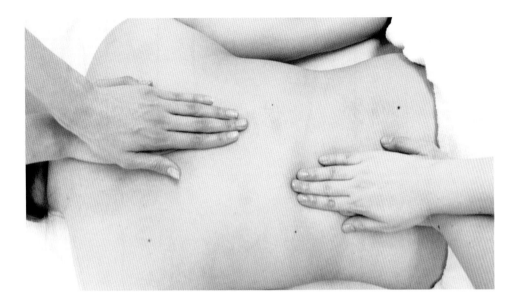

태양인

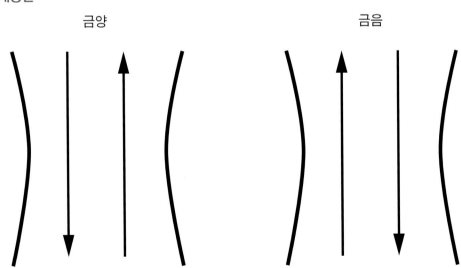

금양   금음

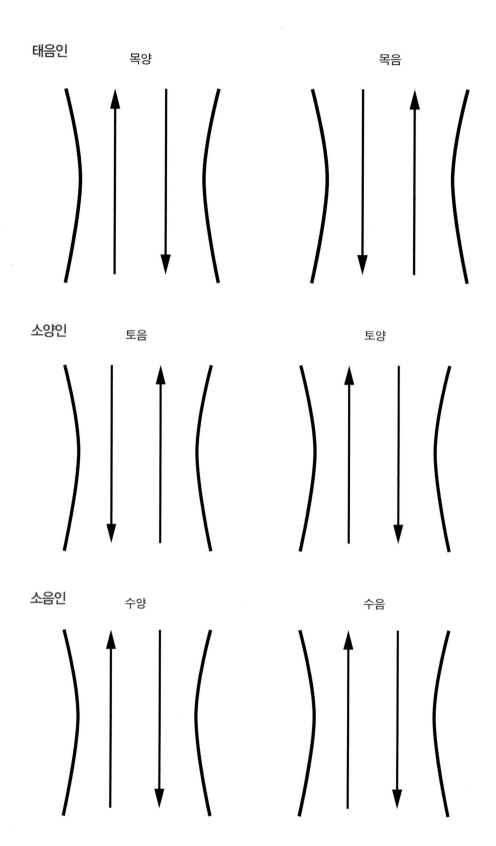

BEAUTY THERAPY 4

아로마테라피

BEAUTYTHERAPY

PART 4

아로마테라피

1. 아로마테라피 개요

아로마테라피란 향 또는 향기를 의미하는 아로마(Aroma)와 치유, 치료를 의미하는 테라피(Therapy)의 합성어다. 식물로부터 추출한 에센셜 오일을 이용하여 인체의 특정 부위의 증상을 완화하고, 심리적인 건강 증진 효과를 얻으며, 신체적인 생리 기능을 활성화할 수 있는 일종의 자연 요법이다.

아로마 에센셜 오일은 식물이 그 스스로 형성한 약리작용이 있는 천연 화학물질로 각종 식물의 꽃, 열매, 줄기, 잎, 뿌리 등에서 추출한 휘발성 향유이다. 인체에 사용 가능한 오일은 약 300여 종 이상이 있으며 그중 약 60여 종의 오일을 사용한다.

향기에 대한 선행 연구들을 살펴보면, 최초의 아랍인 의사 아비첸나(Avicenna)는 증류법을 발명하여 라벤더, 캐모마일 등 식물이 인체에 미치는 효능에 대해 기술하였고, 쿨페퍼(Nicholas Culpeper)는 《초본서》(Herbal)라는 책을 발간하였으며, 호프만(Freidrich Hoffman)은 에센셜 오일의 성질에 대해 연구하였다. 1920년 이탈리아의 Gatti와 Cajola는 에센셜 오일의 향기가 심리 치료에 어떤 효과가 있는지를 실험하였다. 그들은 향기가 후각기관을 거쳐 중추신경계의 기능에 영향을 미치는 것이 반사활동에 의해서 일어나는 것임을 알아냈다.

1930년대 프랑스 화학자 가뜨포세(Rene Maurice Gatefosse)가 향유를 적절하게 이용한다면 훨씬 더 포괄적이고 구체적인 활용도 가능할 것이라는 생각을 하게 되어 다른 향유들도 실험해본 결과 아로마 에센셜 오일에서 소독·살균·진정·소염작용 등 놀라운 효능들을 발견하고 본격적인 연구가 시작되었으며, 그 내용을 담은 책들이 출간되기 시작했다.

1950년에서 60년대에는 주로 미용 분야에서 두드러진 모습을 보이기도 하였다. 의사가 아닌 생화학자인 오스트리아 태생인 M. 마우리가 과학적인 연구 방법에 의해서 신체와 정신, 그리고 화상용으로 어떻게 작용하는지에 대해 철저하게 연구했으며, 마사지와 에센셜 오일을 결합하는 Idea를 소개했다. 또한, M. 마우리는 전통적인 티베트 의학의 방법에 영감을 얻어 척추의 신경 중심을 따라서 오일을 적용하는 특별한 마사지를 발달시켰다. 그녀는 에센셜 오일 처방을 감정적, 육체적 요구에 의해 선정하였다. 장 발네(Jean Valnet)는 1964년 《아로마테라피 치료》(The Practice of Aromatherapy)라는 책을 출간하였으며 이 책은 아로마테라피 최초의 임상 교과서로 불리며 아로마 에센셜 오일의 의학적 사용 분야에서 가장 중요한 출판물로 인정받고 있다. 1970년대 와서는 Milan University의 Paolo Rovesti 교수는 심리적 치료 동인(agents)으로 레몬, 오렌지, Bergamot 같은 과일에서 얻어진 에센스를 면에 적셔서 흡입시킴으로써 저하된 기억을 자극하고 감정을 자극하는 것에 도움을 주는 것을 발견했다.

일본의 마찌다 히사시는 에센셜 오일의 침투를 돕는 가벼운 압력으로 부드럽게 터치하는 방법을 사용해 근육을 풀어주는 기법을 사용하였으나, 정서적 요인에 의해서 영향을 받는 특정 근육에 대한 다양한 연구가 이루어지기보다는 심리적 긴장을 해소하는 부분에 더 많은 연구가 있었다. 그 후 에센셜 오일이 의학과 심리적인 성질에서부터 피부 보존을 위해 사용하는 데까지 광범위한 치료가 가능하다고 보고하였다.

아로마 요법이 육체적, 정신적, 감정적으로 인체에 많은 영향을 미치고 있다는 사실이 알려지고 있으며 현대에 와서 과학적 검증이 진행되고 있다.

2. 아로마 요법의 정의

아로마 요법이란 치료적 효능을 지니고 있는 각종 식물의 꽃, 열매, 줄기, 잎, 뿌리 등에서 추출한 휘발성 향유인 에센셜 오일을 흡입하거나 목욕, 마사지 등의 방법을 이용해 마음을 편안하게 하고 정신과 신체의 질병을 치료하며 또한 정신을 함양하게 하는 방법이다.

아로마(aroma)는 그리스어 '향신료(spice)'에서 파생된 말로, 오늘날에는 일반적으로 '향'을 의미하며 요법(therapy)는 치료의 개념을 가진 '트리트먼트(treatment)'를 의미한다. 아로마 요법의 기본 원리는 코와 피부를 통해 향을 뇌에 전달함으로써 정신적·신체적 치료 효과를 가져오는 것이다.

아로마 요법은 향의 독특한 성분을 이용한 자연 치료, 전인 치료의 개념으로 현대인이 스트레스를 해결하고 질병을 예방하는 데 큰 도움을 주고 있다.

아로마 요법에서 사용되는 에센셜 오일에는 화학작용을 일으키는 여러 가지 성분이 들어 있어 몸이 일으키는 관련 증상에 골고루 영향을 미친다. 그뿐만 아니라 여러 가지 오일을 혼합해서 사용할 경우 그 효과는 증가하고 각 오일이 가지고 있는 부작용은 줄어들게 된다.

아로마 에센셜 오일의 기본 단위는 이소프렌(isoprene)이며, 탄소 수 5개로 이루어진 탄화수소이다. 일반적으로 터펜(terpenes)과 터펜노이드(terpenoids)로 분류된다. 아로마 에센셜 오일의 성분별 효능은 [표 4-1]과 같다.

3. 아로마 에센셜 오일의 성분과 효능

[표 4-1]

분 류	종 류	효 능
터 펜	모노터펜 (Monoterpene)	부분 진통, 방부, 경도의 거담 해소, 부신피질 자극, 이뇨 항균, 항바이러스, 장기 사용 시 피부 자극 우려
	세스쿼터펜 (Sesquiterpene)	항염증, 항바이러스 작용, 진통, 항생, 혈압 저하, 진정, 경련 감소
	다이터펜 (Diterpene)	항진균성, 거담, 호르몬계에서의 조화, 소량 함유

분 류	종 류	효 능
터페 노이드	알코올 (Alcohol)	강장, 흥분, 항박테리아, 항바이러스 작용 자극성이 없어 사용하기에 안전함 sesquiterpen분자는 항염증, 면역반응 촉진작용
	알데히드 (Aldehyde)	피부막 점막에 반응 항염, 해열, 혈압 저하, 강장 효과
	에시더 (Acid)	대부분 에센셜 오일에 미량 존재 힝염, 근육 경련 감소
	케 톤 (Ketone)	거담, 상처 치유, 지방 분해작용 지속적 반복 사용 시 부작용 우려, 불규칙적으로 사용
	페 놀 (Phenol)	저농도로 단기 사용(독성, 발암) 항균, 면역계에 효과, 혈압 증가

4. 아로마 요법의 관리 방법

아로마 요법의 기본 원리는 코와 피부를 통해 향을 뇌에 전달함으로써 정신적, 신체적 치료 효과를 가져오는 것이다.

아로마 요법의 관리 방법으로는 마사지 요법, 흡입 요법, 목욕법(전신, 부분), 특수 점혈 요법 등이 있다.

1) 마사지 요법

피부로 오일이 흡수되도록 도와주는 대표적인 요법은 마사지법과 보디 오일로 사용하여 전체적인 피부 표면을 통하여 흡수하도록 사용하는 방법이 있다. 이 마사지법은 전체적으로 부드럽고 가벼운 그리고 느린 동작을 기본으로 이루어진 것으로 심리적인 안정, 신진대사, 혈액순환 활동을 도와 에센셜 오일의 흡수 및 몸 안에서 반응을 도와주는 것에 초점을 둔 것이다. 또 컴프레스나 다우치 혹은 부항법을 통하여 부분적인 표면을 통하여 흡수되는 방법이 있다.

2) 흡입 요법

코로 흡입하는 경우는 대부분 기관지 질환에 많이 사용되고 있다. 에센셜 오일에 들어 있는 대부분의 성분들은 실내 온도에서도 쉽게 증발하는 성질이 있는가 하면 각종 항염, 방부제 역할을 하고 있어서 외부의 병적 요인에 의하여 감염되는 기관지 질환에 특히 효과가 있는 것으로 알려졌다. 이것 외에 코로 흡입된 에센셜 오일은 후각신경을 자극하여 변연계를 자극하므로 뇌와 자율신경계에 직접 간접적인 자극을 미침으로 각종 정신질환에도 널리 사용되고 있다. 이 경로로 사용되는 대표적인 요법인 수증기 흡입법, 건식 흡입법, 램프 확산법 등이 있다.

3) 목욕법

목욕법으로는 손과 발만 부분적으로 하는 것과 전신 목욕법이 있다.

이 방법은 각종 근육통 및 불면증 증상 혹은 전신 피로증에 사용하면 적당한 방법으로 집에서 하기에 좋은 방법이다. 목욕법은 마사지하기 전에 먼저 하는 것이 좋으며 소금을 조금 녹여서 하게 되면 몸 안의 노폐물을 배출시키고 모공을 확장하므로써 오일의 더 빠른 흡수력을 일으킬 수 있다. 목욕 후 보디 오일을 발라줌으로 인하여 오일의 흡수를 증가시켜 더 좋은 효과를 기대할 수 있다. 또 앉은 상태에서 허리 부분까지 물에 담그는 반신 좌욕법이 있으며 생식기와 소화기 계통의 원활함을 돕고 생리통, 요통, 치질, 변비 등에 사용하는 요법으로 널리 애용되고 있다.

4) 확산법

확산기를 이용하여 실내 공기 정화, 악취 제거, 폐와 호흡기 관련 질병 완화에 도움되며 전염병 확산을 막고 실내 감염 차단 및 불면증 등에 효과적이다. 램프에 3~4방울 떨어뜨려 사용한다.

5) 특수 점혈 요법

몸 안에 분포되어 있는 경락상의 특정 경혈에 유부배혈과 오행유배혈에 에센셜 오일을 바른 후 가볍게 문지르거나 부드럽게 자극하여 전체적인 기의 흐름을 원활하도록 돕는다. 몸과 마음을 건강하게 유지하는 관리법 외에 아로마는 향수와 화장품으로 이미 오래전부터 많은 사람으로부터 사랑을 받아왔으며 온갖 질병과 증상에 탁월한 치료 효과를 보여 왔다.

5. 추출 부위별 Oil의 종류

- 잎 : 사이프러스, 페파민트, 티트리, 유칼립투스……
- 줄기 : 시나몬, 시다우드, 구아이악우드, 샌들우드……
- 뿌리 : 머그워트, 베티버, 발레리안루츠, 로즈우드……
- 꽃 : 재스민, 일랑일랑, 로즈, 클라리 세이지, 캐모마일……
- 열매 : 블랙페퍼, 오렌지, 버가못, 그레이프프루트, 레몬……

6. 아로마테라피의 추출 방법

- 증기 증류법(Stem Distillation-E.O의 90%) : 라벤더, 로즈, 티트리, 샌들우드
- 냉각 압착법(Cold Pressed-과실류) : 오렌지, 버가못, 그레이프프루트, 레몬
- 솔벤트 추출법(Solxent Extraction-Alcoholic) : 재스민, 로즈메리, 존퀼, 하니

1) Stem Distillation 방법

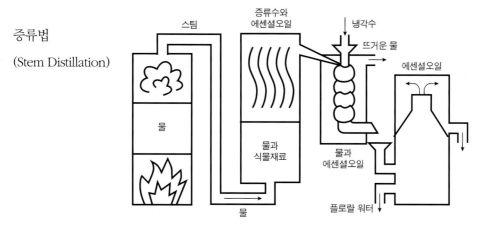

증류법

(Stem Distillation)

7. Essencial Oil의 판단 기준

- 첫째 : 가격
- 둘째 : 라벨
  - 학명

- 원산지 : Sandalwood(East Indian, West Indian)
- 추출 방법

   Ylang Ylang(Stem Distillation) : Ylang Ylang
• 셋째 : 향을 비교한다.

8. 아로마의 흡입 경로

• 후각을 통한 경로

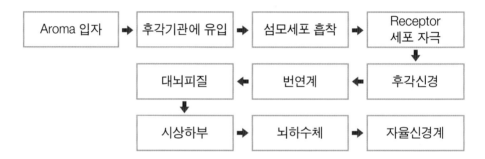

• 폐를 통한 경로

• 피부를 통한 경로

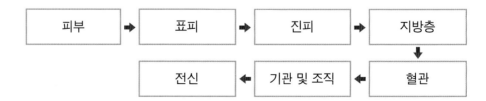

• 림프계를 통한 경로

림프 ➡ 림프절 ➡ 림프관 ➡ 림프액
⬇
전신

9. 아로마 요법 각론

1) 그레이프프루트(Grape frape – 자몽)

- 학 명 : Citrus paraisi
- 과 명 : 운향과(Ruataceae)
- 원산지 : 미국, 서인도제도, 브라질, 이스라엘,
  나이제리아
- 종 류 : 교목
- 추출 부분 : 과일 껍질
- 추출 방법 : 냉온 압착법
- 노 트 : Top note
- 화학 구성 주성분 : Monoterpene*(limonene)
- 임상 연구 : 칸디다균, 흑색 구균–높은 항미생물 활성을 나타내나 간균 억제하기
  는 어려움. 뇌와 감정에 영향을 줌.
- 주의점 : 무독성, 무자극성, 비자극성. 햇볕에 노출 시–광과민성이 일어날 수 있으
  므로 주의!

2) 네롤리(Neroli – 오렌지꽃)

- 학 명 : Citrus aurantium, Vulgaris
- 과 명 : 운향과(Rutaceae)
- 원산지 : 인도네시아, 중국
- 종 류 : 오렌지나무

- 추출 부분 : 꽃잎
- 추출 방법 : 수증기 증류법
- 노 트 : Top note
- 화학 구성 성분 : Alcohol*(linalol), Monoterpene(limonene, β-pinene), Ester(lonalyl acetate, geranyl acetate, nerylacetate)
- 역사적 용도와 전통적 이용법
- '네롤리'라는 이름을 17세기경 이탈리아의 넬롤라, 안나 마리아 트레밀레 공주의 이름을 따서 붙여졌고, 그녀는 네롤리 오일을 장갑에 뿌려 끼거나 목욕물에 떨어뜨려 사용.
  - 결혼식 부케 사용 : 오렌지 꽃은 오랫동안 순결과 확고한 사랑을 상징.
  - 네롤리 꽃과 오일 : 위장병, 신경 질환, 통풍, 인후염에 진정제로 사용하였으며 불면증으로도 쓰였음.
  - 오렌지 꽃봉오리 증류액 : 유럽 = 요리 & 피부관리 제품에 사용, 진정 및 항염증 작용.
- 약리 및 임상 연구 : 기내-항진균 및 항미생물 활성을 나타난다고 보고됨.
  심장 근육의 수축, 혹을 줄여 주는데 효과적. 심장 두근거림 또는 다른 유형의 심장 경련으로 고통받는 사람들에게 유용. 심장 수술을 받은 환자에게서 나타는 수술 후 증상들을 줄여주는 것을 밝혀짐.
  새로운 세포의 생장을 촉진시키는 능력이 있기 때문에 피부 회춘시키는 효과!
- 주의점 : 시험 전 가슴 두근거림 등 긴장을 완화시키는 힘이 강하나 정신 집중만을 목적으로 할 때는 사용을 금함. 무독성, 무자극성, 비민감성.

3) 니아울리(Niouli)

- 학 명 : Melaleuca quinquenervia
- 과 명 : 도금양과(Myrtaceae)
- 원산지 : 마다가스카르
- 종 류 : 관목, 작은 나무
- 추출 부분 : 잎, 가지

- 추출 방법 : 수증기 증류법

- 노 트 : Middle note

- 화학 구성 성분 : Oxide*(1, 8-cineol), Monoterpene(α-pinene, α-terpineol, limonene)

- 역사적 용도와 전통적 이용법

  니아울리 나뭇잎이 떨어지면 강력한 살충 소독제 역할, 세균 방지 효과.

  Lassak-어린잎을 물에 으깨고 즙액을 마시면 두통 감기 및 일반적인 메스꺼움을 완화시킨다고 말함.

  프랑스-1980년대까지 수많은 니아울리 함유 약제(호흡기 염증을 위한 시럽, 질 염증을 위한 좌약)들이 제조됨.

- 약리 및 임상 연구

  - 기내 : 항미생물 작용을 타나내는 것으로 보고됨.

  - Schnaubelt : 거담제, 항알레르기성, 항천식성이 있다고 말함.

- 주의점-비독성, 비자극성, 비민감성. 피부에는 국부적으로 사용, 10세 미만의 어린이와 임산부는 주의해서 사용.

강력한 자극제 = 저녁 늦게 사용하는 것은 주의해야 함.

4) 라벤더(Lavender)

- 학 명 : Lavandual angustifolia
- 과 명 : 꿀풀과(Labiatae or Lamiaceae)
- 주산지 : 프랑스, 불가리아
- 종 류 : 관목
- 추출 부분 : 꽃이 핀 선단부, 잎
- 추출 방법 : 수증기 증류법
- 노 트 : Middle note
- 화학 구성 주성분 : Ester(linalyl acetate), Alcohol(linalol)
- 역사적 용도와 전통적 이용법

- Lavendula는 '씻어내다'를 뜻하는 라틴어 Lavarae에서 유래함.
- 라벤더와 관계된 일화 : 프랑스 화학자 르네모리스 까뜨포세가 실험실에서 향수를 만드는 실험을 하다가 향을 배합하던 중 실수로 폭발이 일어나 손에 화상을 입었다. 그는 무의식적으로 옆에 있던 라벤더 오일 통에 손을 담갔는데 화상을 입은 피부가 눈에 띌 정도로 흉터 없이 빠르게 사라졌으며 통증 또한 없었다. 상처 치유 성분이 화상에 탁월한 효과를 입증하게 됨.
- 라벤더 에센셜 오일은 화장수로 사용, 포프리와 향낭의 가장 흔한 성분들 중의 하나.
- Culpeper : 라벤더 꽃 달인 물이 쓰러지는 질환(간질)과 현기증, 어지럼증의 예방에 도움이 된다고 추천.
- Grieve 부인 : 기절, 신경성 가슴 두근거림증, 현기증, 경련, 발작성 복통에 훌륭한 강장제라고 설명함.
- 프랑스 약학회 : 방부성(상처의 처치, 염증의 치료, 정맥류 질환, 화상, 상처의 딱지 등 사용).
• 약리 및 임상 연구
- 쥐 : CNS 억제작용이 있다고 증명, 항미생물 활성이 있다고 보고됨.
- 기니아 돼지의 기내 실험 : 회장의 평활근에 경련 제거 효과가 있음을 밝힘.
- 용량 의존적으로 마취작용이 있는 것으로 증명.
- Holmes : 라벤더 오일이 교감, 부교감 신경계의 기능을 억제시킬 수 있다고 얘기함.
• 주의점 : 무독성, 무자극, 비민감성. 임신 초기, 저혈압 환자의 경우 유의함.

5) 라임(Lime)

• 학　명 : Citrus aurantifolia
• 과　명 : 운향과(Rutaceae)
• 주산지 : 브라질, 멕시코, 이탈리아
• 종　류 : 과실(果實)

- 추출 부분 : 과피(果皮)
- 추출 방법 : 수증기 증류법(열매 전부 or 과실의 주스), 냉압착 추출법 (녹색 라임의 과실 껍질)
- 노 트 : Top note
- 화학 구성 성분 : Monoterpene*(limonene, β-pinene, ν-terpinene)
- 역사적 용도와 전통적 이용법

  - 증류 추출 오일 : 음식 & 음료의 향료로 사용.

  - 냉압착 추출 오일 : 고급 남성용 화장품 & 향수에 사용.
- 약리 및 임상 연구 : 버갑텐(bergaptene) 함량이 높음. 사람에게 광독성인 것을 보고됨.

  버갑텐=광독성(자외선을 받는 조건에 시험 물질을 피부에 단회 접촉시켜 광여기에 의해 변화된 자극 물질에 의해 생기는 홍반, 부종, 낙설 등의 변화를 지표로 하는 피부 반응).
- 항미생물성 : 냉압착 추출 오일(항미생물성)-인후염, 인플루엔자의 치료 권함.
- 주의점 : 증류 추출 라임 오일-무독성, 무자극성, 비과민성.

       냉압착 추출 라임 오일-광독성.

6) 레몬(Lemon)

- 학 명 : Citrus limon
- 과 명 : 운향과(Rutaceae)
- 주산지 : 캘리포니아, 플로리다, 남부 유럽
- 종 류 : 낮은 과일 나무
- 추출 부분 : 과피(果皮)
- 추출 방법 : 냉압법
- 노 트 : Top note
- 화학 구성 주성분 : Monoterpene*(limonene, β-pinene, ν-terpinene)
- 역사적 용도와 전통적 이용법

- 레몬 과즙은 최고의 항괴혈병제.

- 영국 함선은 10일 이상 향해할 경우 : 모든 선원이 1일 1회 섭취할 충분한 레몬 or 레몬 과즙을 선적해야 함을 법으로 명하고 있음.

- 레몬 과즙은 발한제, 이뇨제, 수렴제, 난치성 딸꾹질 치료에 최고! 급성 류머티즘에 추천. 때때로 마약의 독성을 중화시키는데 제공하기도 함. 황달 및 병적으로 흥분하는 심장의 두근거림 증상에 도움됨.

• 약리 및 임상 연구 :

- 항미생물 특성(감기, 인플루엔자, 기관지염, 천식 증상의 치료에 매우 유용)을 나타냄. 레몬 오일은 면역 촉진성이 있다고 일컬어지며, 레몬 오일이 침입한 세균과 싸워서 물리치는 역할을 하는 백혈구 세포의 생산을 촉진시킴을 의미.

- 일본 연구 : 방에 레몬 오일을 분산시켰을 때 타이프 오타율을 54%까지 감소시키는 것으로 밝혀짐.

- 감정적으로 지나치게 긴장된 사람들에게 가라앉히는 효과가 우수함.

• 주의점 : 무독성, 무자극성(일부 사람들에게서 과민 반응을 일으킬 수 있음), 광독성(햇빛 노출 금지).

7) 레몬그라스(Lemongrass)

• 학 명 : Cymbopogon citratus, Cymbopogon flexuosus
• 과 명 : 벼과(Graminaeae or Poaceae)
• 주산지 : 네팔, 동인도

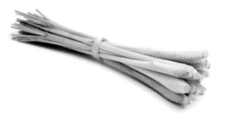

• 종 류 : 풀
• 추출 부분 : 잎
• 추출 방법 : 수증기 증류법
• 노 트 : Top note
• 화학 구성 주성분 : Aldehyde*(geranial, neral)
• 역사적 용도와 전통적 이용법
   - 아시아 : 음식의 향료로 사용

- 인도 : 신선한 잎을 물과 함께 으깨서 머리 헹굼이나 화장수로 사용.

- 잎 : 셀룰로오스와 종이 생산의 원료로 사용할 수 있음.

- 에센셜 오일은 향수 또는 향료용으로 사용되는 시트랄(citral) 생산용과 비타민 A 합성의 제약용으로 사용함.

- 서인도 : 전통 중국 한의학에서 감기, 두통, 위통, 복부 통증, 류머티즘 통증의 치료에 쓰임.

• 약리 및 임상 연구

- 뛰어난 항진균성, 살균성을 띠는 것으로 보고됨.

- 실험 : 시트랄과 시트로넬라(citronellal)이 가장 높은 활성 성분으로 확인됨. 그러나 디펜텐(dipentene), 미르센(myrcene)은 거의 활성이 없었음.

- Anopheles cullicifacies(중요한 말라리아 수용체)에 대해 11시간 이상 동안 거의 완벽하게 방어하는 것으로 밝혀짐.

-합성 벌레 퇴치제인 디페틸프탈레트(dimethyl phthalate), 디브틸프탈래트 (dibutyl phthalate)에 필적하는 것으로 여겨짐.

• 주의점 : 무독성(일부 자극을 일으키고 과민 반응이 일어날 수 있음).

8) 로즈메리(Rosemary)

• 학 명 : Rosemarinus officinalis
• 과 명 : 꿀풀과(Labiatae or Lamiaceae)
• 주산지 : 스페인, 포르투갈
• 종 류 : 작은 상록관목
• 추출 부분 : 꽃이 핀 선단부, 잎, 꽃, 잔가지
• 추출 방법 : 수증기 증류법
• 노 트 : Middle note
• 화학 구성 성분

  1) Rosemary CT camphor-borneol(Spanish)

  Monoterpene*(α-pinene, campherne, β-pinene, limonene), Oxide(1-8 cineole),

Keton(camphor)

2) Rosemary CT cineole (Tunisian)

Oxide*(1-8 cineole), Monoterpene(α-pinenen, β-pinene, campherne, limonene), Keton(camphor)

3) Rosemary CT verbenone (French)

Oxide*(1-8 cineole), Monoterpene(α-pinene, β-pinene, camphene, limonene), Ester(bornyl acetate)

- 역사적 용도와 전통적 이용법
  - 속명인 Rosmarinus는 '이슬'이라는 뜻의 ros와 바다를 의미하는 marinus라는 라틴어에서 유래.
  - 로즈메리와 관련된 일화 : 헝가리의 어떤 수도자가 엘리자베스 여왕을 위해 '젊음을 되돌려 주는 물' 로즈메리 워터를 바쳤다. 당시 고령이던 엘리자베스 여왕은 이 로즈메리 워터로 인해 젊음이 되살아나 건강을 되찾고 아름다움을 유지할 수 있었다고 함.
  - 고대 이집트인 : 로즈메리를 매우 좋아함.
  - 로즈메리의 흔적 : 첫 번째 왕조 무덤에서 발견됨.
  - 그리스와 로마인 : 신성한 식물. 사랑과 죽음의 표상이라고 여김.
  - Theophrastus, Dioscoriides : 위장과 간 문제에 대한 강력한 치료제로 추천함.
  - 히포크라테스 : 간·비장 질환을 극복하는 데 채소와 함께 로즈메리를 조리해야 한다고 함.
  - Galen : 황달에 로즈메리를 처방함.
  - 고대인 : 값비싼 향 대신 종교 의식에 로즈메리를 사용함.
  - 공기 정화, 감염 예방하기 위해 주니퍼베리+로즈메리를 태우는 하나의 관습.
  - 정신을 자극하는 효과와 유용한 기억 보조제로 알려짐. '회상을 위한 로즈메리'.
  - Culpeper : 어지러움, 현기증, 나른함, 울적함, 말 못하는 마비, 언어 능력 상실 같은 머리와 뇌의 질병, 무기력, 간질 치료에 로즈메리를 추천.
  - 초기에 일어나는 탈모 예방 효과로 유명하여 머리 로션에 널리 사용, 비듬 방지용으로도 사용됨.

• 임상 연구

　- 동물 실험 : 강직간대성 경련을 유도시킨 후 산소의 소모, 나트륨, 칼륨의 전해질 구배를 억제시킴.

　- 기니아 돼지 : 회장에 전기를 유도시킨 수축 반응을 시험함. 근육 수축을 억제시키는 작용, 보르니올 성분이 가장 큰 진경 활성을 갖는 것으로 밝혀짐.

　- 토끼 : 혈당 상승(hyperglycaemic) 효과, 인슐린 분비 억제 효과가 있는 것으로 보고됨.

• 주의점 : 무독성, 무자극, 무민감성. 임신중, 간질·고혈압 환자는 사용해선 안 됨.

9) 로즈우드(Rosewood)

• 학　명 : Aniba rosaeodora

• 과　명 : 녹나무과(Lauraceae)

• 주산지 : 브라질

• 종　류 : 교목

• 추출 부분 : 나무

• 추출 방법 : 수증기 증류법

• 노　트 : Middle note

• 화학 구성 주성분 : Alcohol*(linalol)

• 역사적 용도와 전통적 이용법

　- 향기 산업 : 향기성 화합물인 리나놀(linalool) 성분 때문에 상업적으로 주목받고 있음.

　그러나 합성 리나놀과 중국산 호(Ho) 잎 오일에서 값싼 리나롤 원료의 등장으로 로즈우드 생산은 줄어들고 있음.

• 임상 연구

　- 생쥐 & 쥐 : 리나롤 성분에 의한 항경련 활성.

　- 분리된 기니아 돼지의 회장 : 진경성을 갖는다고 보고됨.

• 주의점 : 무독성, 무자극, 비과민성.

10) 마조람(Majoram)

- 학 명 : (A) Origanum majorana / (B) Thymus mastichina
- 과 명 : 꿀풀과(Labiatae, Lamiacae)
- 주산지 : (A) 이집트 / (B) 스페인
- 종 류 : 초목
- 추출 부분 : 꽃이 핀 선단부, 말린 잎
- 추출 방법 : 수증기 증류법
- 노 트 : Middle note

- 화학 구성 주성분

  (A) Monoterpene*(gamma terpinene, alpha terpinene, sabinene), Alcohol(terpinene-4-ol), Ester(linalyl acetate), Sesquiterpene(beta caryophllene)

  (B) Oxidel*(8-cineol), Alcohol(linalol)

- 역사적 용도와 전통적 이용법

  - 그리스인 : 장례식의 풀. 죽은 사람에게 영적 평안을 가져다가 주기 위해 마조람을 무덤에 심었음.

  - Culpeper : 머리, 위장 근육과 다른 부분들의 냉질환에 대해서 따뜻하게 데워주고, 편안하게 해주므로 내복되거나 또는 외적으로 적용된다고 기술함.

  폐 질환, 간과 비장의 폐색, 오래된 자궁의 통증과 장에 가스 차는 증상에 마조람을 추천.

  - 유럽 약용 식물지 : 호흡기의 가벼운 질환, 기관지염의 치료, 항경련제, 거담제로 사용함.

- 약리 및 임상 연구

  - 마조람을 달인 액상 농축물 : 기내에서 입술 헤르페스에 대해 항바이러스 활성을 띤다고 보고됨.

  - 최음제(성적 접촉에 대한 욕망을 촉진시키는 것으로 유명).

- 주의점 : 무독성, 무자극, 비민감성, 임산부 사용 금기.

11) 만다린(Mandarine - 귤)

- 학 명 : Citrus reticulata
- 과 명 : 운향과(Rutaceae)
- 주산지 : 아르헨티나, 이스라엘, 이탈리아
- 종 류 : 교목
- 추출 부분 : 과피
- 추출 방법 : 냉압착 추출법
- 노 트 : Top note
- 화학 구성 주성분 : Monoterpene*(limonene, ν-terpinene)
- 역사적 용도와 전통적 이용법
  - 고대(중국) : 고급 관리를 '만다린'이라고 불렀다고 함. 관직에 쓰던 모자의 끝에 달린 장식이 과일 만다린의 크기와 색깔이 아주 흡사하였기 때문.
  - 향료로 널리 사용됨.
- 어린이 치료제 : 배아픔 완화, 안절부절못한 어린이에게 진정, 행복을 줌.
- 주의점 : 무독성, 무자극성, 비민감성.

12) 멜리사(Melissa - 레몬밤)

- 학 명 : Melissa offcinalis
- 과 명 : 꿀풀과(Laminaceae, Labiatae)
- 동의어 : 레몬밤, 밤, 일반 밤, 꿀벌밤
- 주산지 : 프랑스, 독일 남부, 이탈리아, 스페인
- 종 류 : 초목
- 추출 부분 : 잎, 꽃
- 추출 방법 : 수증기 증류법
- 노 트 : Middle note
- 화학 구성 주성분 : Aldehyde*(geranial, neral), Sesquiterpene(β-caryophyllene)
- 역사적 용도와 전통적 이용법

- 그리스 신화 : 벌들의 요정인 멜리사에서 이름이 유래됨.

- 추출 시 극소량의 오일이 얻어지기 때문에 값이 비쌈.

- 약초 연구가 John Evelyn : 밤(Balm)은 뇌에 효과가 있으며 기억을 강화시키고 우울한 기분을 강력히 쫓아버린다고 함.

• 약리 및 임상 연구 :

- 살균성, 항진균성, 항경련성.

- 멜리사 농축물(폴리페놀, 탄닌 싱분을 힘유)은 유행성이하선염(볼거리), 헤르페스, 다른 바이러스들에 대한 강한 항바이러스 특성을 나타내는 것으로 확인.

- 소화계 조절, 경련 완화, 복부 팽만 경감, 담낭과 간의 촉진작용으로 유명함.

- 독일 연구 : 헤르페스, 대상포진에 대한 항바이러스성을 갖고 있음.

• 주의점 : 무독성(과민반응 및 피부 자극을 일으킬 가능성이 있다는 점에 주의), 피부에 적용 시 낮은 농도(1% 이하)로 사용하는 것이 좋음.

13) 몰약(Myrrh)

• 학 명 : Commiphora myrrha

• 과 명 : 감람과(Burseracee)

• 주산지 : 소말리아, 에티오피아

• 종 류 : 관목

• 추출 부분 : 수지

• 추출 방법 : 수증기 증류법

• 노 트 : Base note

• 화학 구성 주성분 : Sesquiterpene*(lindestrene, curzerene)

• 역사적 용도와 전통적 이용법

- 그리스 로마 신화 : 옛날 시리아의 왕 테이아스는 스뮈르나라는 아름다운 딸이 있었다. 이 딸이 얼마나 아름다운지, 왕은 미(美)의 여신 아프로디테가 아무리 아름다울지라도 자기 딸보다 못할 것이라고 딸의 미모를 칭찬하였다. 이 말을 들은 아프로디테는 질투심에 불타, 아들 에로스에게 스뮈르나에게 금화살 한 대를 쏘게

했다. 에로스가 가진 화살은 금화살을 맞으면 처음 보는 이성을 사랑하게 된다. 에로스는 어머니가 시킨 대로 스뮈르나에게 금화살을 날렸다. 그 화살에 맞은 스뮈르나가 처음 본 이성이 바로 자신의 아버지 테이아스 왕이었고, 상사병이 걸린 스뮈르나는 자신의 유모에게 얘기를 하였다. 아프로디테 축제일은 여성들이 한 번도 본 적이 없는 남성과 잠자리를 같이 하는 것이 허용되었는데, 취중의 테이아스 왕은 유모의 중개로 딸과 잠자리를 갖게 되었고, 이후 딸의 배는 불러 오르기 시작하고 나중에 이 사실을 안 테이아스 왕은 딸을 찔러 죽이려 했다. 스뮈르나는 도망가다가 절벽에 다다랐는데, 이때 아프로디테가 스뮈르나를 몰약 나무로 만들었다고 한다.

- 4000년 정도의 역사를 지닌 가장 오래되고 유명한 향기성 물질 중의 하나.

- 고대 이집트인 : 종교의식 및 훈증용으로 사용되는 향의 성분으로 사용하였음.

유명한 향수인 'Kyphi(기피)'의 성분.

시체의 방부 처리에서 중요한 성분.

주름을 줄이고 젊은 살결을 보존하는 것으로 명성이 있음.

여성들은 얼굴용 제품에 몰약을 사용함.

FRANKINCENSE * MYRRH * GOLD

- 치료적 특성

1. 아기 예수에게 선사된 선물 중의 하나 (마태복음 2:11, 보물을 열어, 그에게 황금과 유향과 몰약을 선물로 줌).

2. 예수의 죽음에 등장 (St. John에 의한 가스펠 중 몰약과 알로에 혼합물을 가져오고, 예수 시신을 모셔온 다음, 향료와 함께 리넨 천으로 시신을 감았으며, 유대인들이 하는 방법으로 매장함).

3. 사랑의 시 〈솔로몬의 노래〉 (처녀의 아름다움에 비유해서 몰약을 사용한 것을 비유할 수 없는 몰약의 금전적 가치를 말해줌).

- 약초 전문가 Joseph Miller : 열어주고 데워주며 말리는 성질이 있는 몰약은 부패를 막고 자궁 질환에 매우 유용하며, 자궁의 폐색을 열어주고, 월경을 유도하며, 분만을 촉진하고, 태변을 배출한다. 오래된 기침과 쉰 목소리, 목소리 상실에 마찬가지로 좋다. 그리고 페스트 및 전염성 급성 염증이 2가지에 내복하고 타고 있는 석탄에 몰약을 던져 넣어 태운 연기를 쐰다. 외적으로 적용할 경우에는 상처 및 궤

양을 치유하고 괴저 및 괴사를 막는다고 함.

- 7세기경 중국 한의학에 소개 : 출혈, 통증, 상처와 관련된 증상의 치유에 사용.

- 알코올 85%에 몰약 20%를 함유하는 팅크제 형태로 주로 사용함.

• 약리 임상 연구 : 살균성, 점막 수렴성이 있는 것으로 보고됨.

• 주의점 : 무독성, 무자극, 비민감성. 임신 중 금기.

14) 바질(Basil)

• 학 명 : Ocimum basilicum

• 과 명 : 꿀풀과(Labiatae)와 Lamiaceae

• 주산지 : 열대 아시아, 아프리카, 마다가스카르

• 종 류 : 허브

• 추출 부분 : 잎, 꽃이 핀 선단부

• 추출 방법 : 수증기 증류법

• 노 트 : Top note

• 화학 구성 주성분

  1) French Basil : Alcohol*(linalool), Phenol(euginol), Oxide(1,8 cineole)

  2) Exotic Basil : Phenol*(methyl chavicol), Oxide(1,8 cineole)

• 역사적 용도와 전통적 이용법

  - 바실럼 'Basileum' 왕족의 라틴어에서 이름을 땀. 식물들 중의 왕으로 인정되었기 때문일 것.

  - 인도산 바질 종들은 Ocimum sanctum으로 Thlsi라고 부름.

  Tulsi라는 이름을 불러 기도하며, 생명과 죽음, 생명의 여러 작용들, 무엇보다도 아기를 원하는 사람들에게 아이를 달라고 요구함. 전통에 따르면 바질이 불행한 운명과 악령으로부터 보호해 준다는 것.

  - 아유르베다에 의하면 바질이 마음을 열게 해주고 사랑의 에너지를 주고 다른 사람에 대한 믿음과 동정하고 마음을 준다고 하여 오랫동안 정신적인 문제들을 위하여 사용되어 왔음.

  - Piny : 황달 및 간질의 방어, 이뇨제로 쓰임을 권함.

- 최음제.

- 중세 : 의기소침, 우울증에 처방됨.

- 16세기 약초 전문가 John Grerad : 바질 향은 걱정을 떨쳐 버리고 사람을 즐겁고 기쁘게 만든다고 함.

• 약리 및 임상 연구

- 페놀 에테르(Phenolic ether) : 항경련적 특성(경련성 복부 통증, 천식 질환 치료).

- 메틸 시나메이트(methyl cinnamate)와 메틸 차비콜은 살충작용이 있음.

- 메틸 차비콜 : 캐모마일 에센셜 오일은 상당한 항미생물성 및 항진균성을 띠는 것으로 밝혀져 있음.

- Malheibiau : 바질이 릴렉싱 효과가 우수함[이유 – 높은 메틸에테르(methyl ether) 성분 덕분], 뛰어난 항스트레스 에센스.

- 발한성, 해열성이 있음(모든 형태의 열에 사용).

- 여성 질환에 사용(에스트로겐 호르몬과 유사한 작용이 있음).

• 주의점 : 임신 중에는 아무리 적은 가능성이라도 주의를 해야 하므로 사용을 금하는 것이 좋음.

15) 버가못(Bergamot)

• 학 명 : Citrus bergamia

• 과 명 : 운향과(Rutaceae)

• 주산지 : 이탈리아, 아이보리코스트, 기니공화국, 모로코, 코르시카 섬

• 종 류 : 직립성 수목

• 추출 부분 : 과피

• 추출 방법 : 냉압착법

• 노 트 : Top note

• 화학 구성 주성분 : Monoterpene*(limonene), Ester*(linalylacetate)

• 역사적 용도와 전통적 이용법 : 열 내려주고, 기어 다니는 벌레 처치용으로 이탈리

아 전통 약제에서 이용됨.

• 임상 연구 : 5-methoxypsoralen 알려진 버갑틴은 사람의 피부에 실험했을 때, 광독성을 나타냄.

입가의 발진을 유발하는 헤르페스 I(Herpes simplex I) 바이러스 활성을 억제시키는 것으로 알려짐.

이탈리아에서 연구－비뇨기계, 호흡기계, 구강, 피부 감염에 탁월한 효과.

• 주의점 : 광독성(성분 중 비갑텐이라는 성분이 있어 사용 후 적어도 4시간은 햇빛 노출은 안 됨).

16) 블랙페퍼(Black pepper)

• 학　명 : Piper nigrum
• 과　명 : 후추과(Piperacea)
• 주산지 : 남부 인도, 인도네시아
• 종　류 : 덩굴성 식물
• 추출 부분 : 과실(익지 않은 상태의 것을 사용)
• 추출 방법 : 수증기 증류법
• 노　트 : Middle note
• 화학 구성 성분 : Monoterpene, Sesquiterpene
• 역사적 용도와 전통적 이용법 : 한의학, 아유르베다 의학－후추는 구풍, 몸을 데워주는 작용, 배설작용에 사용됨.

초기 유럽 약초 전문가들－몸을 따뜻하게 데워주는 성질, 촉진성이 있다고 함.

• 임상 연구 : $70\mu g/m\ell$를 초과하는 농도에서 분리된 빈 내장에 경련을 일으켰음. P. nigrum 오일은 항균성이 있는 것이 밝혀짐.
• 주의점 : 비자극성, 비민감성.

17) 사이프러스(Cypress – 회양목)

- 학 명 : Cupressus sempervirens
- 과 명 : 측백나무과(Cupressaceae)
- 주산지 : 프랑스 남부 지방, 독일
- 종 류 : 나무 교목
- 추출 부분 : 잔가지, 잎, 솔방울
- 추출 방법 : 수증기 증류법
- 노트 : Middle note
- 화학 구성 주성분 : Monoterpene*(α-pinene)
- 역사적 용도와 전통적 이용법

  - 고대 그리스인 : 지하 세계의 신(神) 플로토(Pluto)에게 헌납, 따라서 묘지에 사이프러스를 사용.

  - Hippocrates : 출혈을 동반한 심한 치질에 추천함.

  - Dioscorides & Galen : 방광염과 내부 출혈 시 2주일 동안 포도주에 약간의 몰약과 사이프러스 잎을 담가 우린 것을 권함.

  - Culpeper : 솔방울 또는 열매들을 대부분 사용, 잎은 드물게 사용함. 말려서 섞으면 모든 종류의 이상 유출(다량 배설 증상), 즉 계속적인 출혈, 설사, 과도한 생리출혈, 요실금 등을 멎게 하는데 좋고, 잇몸의 출혈을 막고 느슨한 치아를 단단히 고정시킴. 외용으로 지혈성 수렴제 발효제로 쓰임.

  - Holmes : 수렴제, 진정한 정맥 울혈 제거제인 유일한 에센셜 오일. 혈액 활성화 작용.

  - 수렴 효과(테르펜 성분 때문).

- 주의점 : 무독성, 무자극성, 비민감성. 임신 중 사용 금지! (식물성 에스트로겐 작용과 월경 주기를 규칙적으로 해주는 작용이 있으므로)

18) 샌들우드(Sandal wood – 백단목)

- 학 명 : Santalum albums
- 과 명 : 단향과(Santalaceae)
- 주산지 : 인도
- 종 류 : 나무
- 추출 부분 : 인도-심재, 뿌리 / 호주 : 나무
- 추출 방법 : 인도-수증기 증류법, 물 증류법 / 호주 : 유기용매 추출법, 수증기 증류법.
- 노 트 : Base note
- 화학 구성 성분 : Alcohol*(cis-α-santalol, cis-β-snatalol)
- 역사적 용도와 전통적 이용법

  - 'chandana'라는 산스크리트어에서 유래.

  - 힌두교인 : 종교의식(샌들우드 가루로 만든 반죽을 이마에 칠함).

- 약리 및 임상 연구

  인도-이뇨성, 이뇨계 방부성이 있다고 보고됨.

  - 임상 실험 : 알파 산타롤(α-santalol)과 베타 산타롤(β-santalol)이 진정 효과 확인됨. 유두종 발생을 확연히 감소시키는 것으로 보고됨.

  - 자외선으로 유발된 염증에 알파 비사보롤(α-bisabolol) 성분이 항염증 효과를 나타냄. 염증 반응을 유발하는 효소들의 활성을 억제시키는 것으로 밝혀짐.

- 주의점 : 무독성, 무자극성, 민감성을 일으키지 않음.

19) 세이지(Sage)

- 학 명 : Salvia offcinalis
- 과 명 : 꿀풀과(Labiatae or Lamiaceae)
- 주산지 : 보스니아, 미국, 불가리아, 터키, 몰타섬, 프랑스 독일
- 종 류 : 작은 상록 관목

- 추출 부분 : 말린 잎
- 추출 방법 : 수증기 증류법
- 노 트 : Top note
- 화학 구성 성분 : Borneol, Camphor, α-thujone
- 역사적 용도와 전통적 이용법

  - 속명인 Salvia는 '구해내다'라는 뜻인 라틴어 salvare에서 유래. Salvare은 세이지의 의약적 특성을 말해줌.

  - 16세기 허브 학자 Garad : 머리, 뇌에 매우 좋으며, 감각과 기억을 되살아나게 하며, 근육 강화, 마비(저림) 증세가 있는 사람에게 건강 회복시키며, 신체의 빌부에 흔들리는 떨림 증상을 없애줌.

- 임상 연구

  - 기니아 돼지 회장에 정전기 자극을 주어 유발한 장의 수축작용을 에센셜 오일의 작은 복용량으로 억제시킴.

  - 혈당 상승 활성을 나타내는 것으로 확인됨.

  - 구강 세균에 상당한 항미생물 활성이 있는 것으로 보고됨.

  - S. officinalis의 케톤 성분(투존과 캠퍼)이 간질 발작 증상의 증가를 유발하는 것으로 확임됨.

- 주의점 : 임산부 금기, 장기 사용(간질 발작을 유발할 수 있다고 함) 어린이, 간질을 앓고 있는 사람 사용 금지.

20) 시나몬(Cinnamon – 계피나무)

- 학 명 : Cinnamomum Zeylanicum Blume
- 과 명 : 녹나무과(Lauraceae)
- 원산지 : 스리랑카, 인도, 동남아시아
- 종 류 : 관목성 상록수
- 추출 부분 : 수피, 잎, 뿌리
- 추출 방법 : 수증기 증류법

- 노 트 : Base note
- 화학 구성 성분 : Aldehyde*(cinnamic aldehyde), Phenol(eugenol)
- 역사적 용도와 전통적 이용법

  - 성경 : 출애굽기 (하느님은 모세에게 이집트에서 몰약, 시나몬, 올리브 오일, 갈대를 가져가라고 하심).

  - 고대 이집트인들은 미라 제작에 시나몬을 사용한 것으로 알려져 있음. 시체를 보존시키기 위해서 몰약, 시나몬 등으로 시체를 반들반들하게 문질러 닦는다고 함.

  - 시나몬 수피 오일 : 구풍, 건위, 강장 또는 반대자극제(counterirritant)와 같은 약 처방에 사용. 구강 세척, 바르는 약, 비강 스프레이, 치약에 첨가.

  - 시나몬 잎 오일 : 비누, 세제, 크림, 로션, 향수 등에 향기 성분으로 쓰임.

  - 이집트인 : 담즙 과다에 탁월한 약제라고 여김.

  - 중국 : 장내에 가스가 많이 찼거나 간의 온도를 정상화시키고 싶을 때 사용.

  - 그리스 : 위 특성과 소화 특성 때문에 시나몬 가치를 높이 여김.

- 임상 연구 : 살균 및 항진균 활성은 광범하게 입증되어 옴. 바이러스 감염과 전염성 질병에 저항하도록 함.

- 주의점 : 심각한 피부 자극제, 과민 반응 유발제로 보고함. 외상으로 사용하려면 0.1% 이상이 되지 않도록 희석해야 함. 임심 중 금기(유산을 일으킬 수도 있고, 많은 양을 사용할 시 경련을 일으킬 수도 있음).

21) 시더우드(Cedarwood – 삼나무)

- 학 명 : Cedrus atlantica
- 과 명 : 측백나무과(Cupressaceae)
- 주산지 : 모로코, 프랑스
- 종 류 : 교목
- 추출 부분 : 나무속, 목질

- 추출 방법 : 수증기 증류법
- 노 트 : Base note
- 화학 구성 성분 : Sesquiterpene*(β-himachalene, α-himachalene),
  Keton (atlantone)
- 역사적 용도와 전통적 이용법
  - 시더우드의 '시더'는 영적인 능력을 의미하는 말로 굳은 신앙의 상징을 나타냄.
  - 솔로몬 왕의 시대 : 강한 내구성과 침식에 강한 점, 각종 벌레를 물리치는 강렬한 향으로 가치를 높이 평가받았음. 예루살렘에 자신의 위대한 성전을 짖는데 시더우드를 사용함.
  - 이집트인 : 파피루스 용지를 만드는 데 이용. 미라를 만들 때 부패를 막기 위해 시더우드를 이용했다는 기록이 있음.
  - Nicholas Lemery(1698) : 비뇨기, 폐 질환의 방부성이 시더우드의 치유적 본성이라고 말함.
- 임상 연구
  - 프랑스 의사 Michel, Gilbert(1925) : 만성 기관지염에 여러 임상 실험에서 좋은 결과를 얻었다고 기록.
  - 시더우드 함유한 마사지 블렌딩 오일 : 원형탈모증을 44% 개선 효과를 나타냄.
  - 림프 배수를 증가, 축전된 지방의 분해를 촉진시키는 것으로 유명.
  - 세스퀴테르펜 케톤 성분(뛰어난 점액 용해 효과).
- 주의점 : 무독성, 무자극, 비민감성. 임신 중에는 절대 사용 금지(신경독성, 낙태 위험이 있기 때문).

22) 시트로넬라(Citronella)

- 학 명 : Cymbopogon nardus
- 과 명 : 벼과(Poaceae or Granmineae)
- 주산지 : 스리랑카
- 종 류 : 풀
- 추출 부분 : 잎

- 추출 방법 : 수증기 증류법
- 노 트 : Top note
- 화학 구성 성분 : Aldehyde(citronellal), Alcohol(Geraniol)
- 역사적 용도와 전통적 이용법
  - 인도 & 스리랑카 : 잎으로 고약을 만들어 광범위하게 사용. 주로 약간 베인 상처, 찰과상, 부은 데에 처치.
  - 잎 추출물 : 해열제, 건위제, 발한제, 이뇨제, 통경제, 구충제로 사용.
  - 오일 : 세제, 왁스, 가정용 비누, 세척제로 광범위하게 사용됨.
- 약리 및 임상 연구
  - 항균 및 항진균 작용이 보고됨.
  - 특정 그람 양성균에 해당하는 페니실린과 같은 활성을 갖는 것으로 유명함.
  - 오일은 11시간 이상을 Anopheles cullicifacies(중요한 말라리아 수용체)에 대한 거의 완벽하게 저항하는 것으로 밝혀짐.
  - 디메틸(dimethyl), 디부틸 프탈레이트(dibutyl phthalate) 같은 합성 벌레 회피제에 비교될 수 있을 만한 것으로 추정.
- 주의점 : 비독성, 비자극성, 비민감성. 개인에 따라 접촉성 피부염을 유발할 수도 있음.

23) 벤조인(Benzoin)

- 학 명 : Styrax benzoin
- 과 명 : 때죽나무과(Styraceae)
- 주산지 : 수마트라, 타이랜드, 자바
- 종 류 : 수목
- 추출 부분 : 수지, 고무, 줄기에서 얻은 진액
- 추출 방법 : 용매 추출법, 솔벤트 추출법
- 노 트 : Base note
- 화학 구성 성분 : sumaresinolic acid, coniferyl cinnamate
- 역사적 용도와 전통적 이용법

- 벤조인 팅크처 : 베인 상처, 방부제, 지혈성 수렴제로써 피부관리에서 오랫동안
사용됨.
- 치과학 : 염증, 구강 헤르페스 병변 치료에 추천.

24) 오렌지(Orange)

- 학 명 : Citrus sinensis
- 과 명 : 운향과(Rutaceae)
- 주산지 : 유럽, 이스라엘, 지중해 지방, 미국
- 종 류 : 과실
- 추출 부분 : 과피
- 추출 방법 : 냉압착법
- 노 트 : Top note
- 화학 구성 성분 : Monoterpene*(limonene)
- 역사적 용도와 전통적 이용법 : 고대 중국-처음 인식되어 수 세기 동안 말린 껍질
  을 기침, 감기, 신경성 식욕 부진에 사용.
- 임상 연구 : 세보프루란 마취법으로 발치를 받은 120명의 어린이를 대상으로 마
  취하여 유도 시기와 회복 시기에 미치는 오렌지 효과를 조사. 결과는 오렌지에
  노출된 어린이를 마취 유도하는 동안 좀 더 긴장이 완화하고 협조적이었던 것을
  밝혀짐.
- 주의점 : 스위트 오렌지 오일-무독성, 무자극, 비과민성. 광독성 X / 비터 오렌지 오
  일 - 광독성 O

25) 유칼립투스(Eucalyptus)

- 학 명 : (A) Eucalyptus globules / (B) Eucalyptus radiata
- 과 명 : 도금양과(Myrtaceae)
- 주산지 : 오스트레일리아, 포르투갈
- 종 류 : 교목

- 추출 부분 : 잎
- 추출 방법 : 수증기 증류법
- 노 트 : Top note
- 화학 구성 성분 : (A) Oxide*(1~8 cineole), Monoterpene(alpha pinene, limonene), Alcohol(α-terpineol)

  (B) Oxide*(1~8 cineole), Monoterpene(alpha pinene, limonene)
- 특성 : 시네올 함량이 풍부한 오일

  - 신선한 잎에는 향기가 나고 수분이 풍부하여 코알라는 주식인 유칼립투스 나뭇잎만 섭취하고 물은 마시지 않는다고 함.

  - 호주 원주민 : 심한 창상 부위에 잎을 싸매어 치료함.
- 임상 연구 : 박테리아 증식 억제가 되었음.

  유칼립투스 오일과 시네올은 방부성, 거담성, 연쇄 상구균에 대한 강한 항균작용이 있는 것으로 유명함.

  - 주의점 : 무독성, 무자극성, 비민감성. 장기 사용, 과량 사용을 하지 않도록 함. 임신, 소화, 고혈압, 간질인 경우 주의.

26) 프랑킨센스(Frankinsence - 유향)

- 학 명 : Boswelia carterii
- 과 명 : 감람과(Burseraceae)
- 주산지 : 소말리아, 에티오피아
- 종 류 : 목(木) 교목
- 추출 부분 : 수지
- 추출 방법 : 오일 - 수증기 증류법

  엡솔루트 - 유기용매 추출법 (향수산업용)
- 노 트 : Base note
- 화학 구성 성분 : Monoterpene*(α-pinene, limonene), Sesquiterpene(cadinene)
- 역사적 용도와 전통적 이용법

- 고대 이집트 : 제단에서 프랑킨센스를 태워 여러 신들에게 바쳤고 명상에 도움을 줌. 종교에 유향의 화학적 특성으로 인해 호흡을 천천히 깊게 하는 효능이 있어 명상, 기도할 때 사용하면 많은 도움을 받음.

- 성서에서 마태복음 2장 11절에도 갓 태어난 아기 예수께 동방박사들이 바친 귀한 예물로 황금, 멀(몰약)과 더불어 유향을 함께 드렸음이 나와 있음. 동방박사들은 유향이 산모와 아기의 면역력 강화, 그 향의 영적인 효과까지 이미 알고 바쳤던 것을 알 수 있음.

- Kohl(프랑킨센스를 태운 원료)이라는 검은색 가루는 눈꺼풀에 칠하는데 사용함.

- 로마 제국의 네로 황제 : 부인인 Poppaea의 장례식에 아라비아인들이 1년 동안 생산할 수 있는 양보다 더 많은 양의 프랑킨센스를 태웠다고 전해짐.

• 임상 연구
  - B. serrata : 비페놀성 분획 추출물은 쥐에 강력한 진통 효과가 있음이 보고됨.
  - 항염증성 및 항관절염성이 있는 것으로 확인됨.

• 주의점 : 무독성, 무자극성, 비민감성.

27) 일랑일랑(Ylang Ylang)

• 학 명 : Cananga odorata
• 과 명 : 포포나무과(Annonaceae)
• 주산지 : 마다가스카르
• 종 류 : 상록 교목
• 추출 부분 : 꽃

• 추출 방법 : 수증기 증류법, 물 증류법
• 노 트 : Base note
• 화학 구성 성분 : Sequiterpene*(germacrene D, β-caryophyllene), Ester(benzyl benzoate, geranyl acetate)
• 역사적 용도와 전통적 이용법
  - '꽃 중의 꽃'이라는 말로 말레이시아어의 일랑일랑에서 유래함.

- 향수 산업에 가장 중요한 에센셜 오일의 하나로 간주함.
- 일랑일랑은 재스민과 유사한 향취가 남. 일랑일랑이 재스민 오일보다 가격이 싸므로 '가난한 사람의 재스민'이라고도 불림.
- 인도네시아 : 신혼 초야를 치르는 방에 일랑일랑 꽃을 뿌려 놓는 풍습이 있음. 일랑일랑의 부드럽고 향기로우며 마음을 차분하게 해주는 독특한 성분이 신혼부부들로 하여금 흥분된 마음을 가라앉혀 주어 성공적인 신혼 초야를 도와줌.
- 빅토리아 시대 : 윤기 있는 머릿결을 만들어 주는 유명한 마카사르 향유를 만드는 원료로 쓰이기도 함.
- 약리 및 임상 연구
  - 황색포도상구균에 뛰어난 항균성을 나타낸다고 보고됨.
  - 임상실험에서 간질성 발작을 제어시키는 오일로 사용하기에 가장 적합한 것으로 밝혀짐.
  - 항우울제로 유명함.
- 주의점 : 무독성, 무자극성, 비과민성. 과용할 경우 메스꺼움, 두통을 야기시킬 수 있음.

28) 장미(Rose)

- 학　명 : (A) Rosa damascena / (B) Rosa centifolia
- 과　명 : 장미과(Rosaceae)
- 주산지 : (A) 불가리아, 터키 / (B) 모로코, 프랑스
- 종　류 : 꽃
- 추출 부분 : 꽃, 꽃잎
- 추출 방법 : (A) 수증기 증류법(로즈오토) / (B) 솔벤트 추출법(로즈 앱솔루트)
- 노　트 : Middle note
- 화학 구성 성분 : Alcohol*(citronnellol, geraniol, nerol), paraffines
- 역사적 용도와 전통적 이용법
  - 장미와 관계된 유명한 일화.

클레오파트라는 미모는 크게 뛰어난 것은 아니었지만 장미 향유로 오랫동안 몸을 다듬어 아름다운 몸매와 여성의 매력이 넘쳐 흐르는 여왕이었다. 로마의 침입을 받게 되었을 때 적장 안토니우스와의 협상 방의 바닥에 46센티미터 두께로 장미를 깔고 자신의 몸에도 장미 향유를 바르고 협상에 임하였다. 안토니우스는 그녀의 매력에 매료되어 클레오파트라는 협상을 성공적으로 이끌어 로마의 군대를 결국 철군하게 하여 그녀의 조국 이집트를 구했다는 사실.

- 사랑을 고백할 때 상대방의 마음의 문을 열기 위해 장미꽃을 선물하는 이유는? 장미향은 깊고 달콤하며 우아하고 행복한 향으로 감정적으로 깊은 영향을 미쳐 우울, 불안, 공포와 같은 감정을 진정시켜주며 마음을 열어주는 역할을 함.

• 약리 및 임상 연구

- Wabner : 장미 오일이 고혈압, 심장부정맥을 줄여줄 수 있음을 입증. 진경 효과, 위 내장의 궤양 형성에 대한 방어제로서 작용 능력을 검토함. 대상포진과 입술 헤르페스에 대한 로즈와 멜리사의 혼합작용 확인함.

- 동물 관련 임상실험 : 장미 오일이 항불안 효과를 나타낸다는 사실을 발견.

- 약학 : 비벤조디아제핀 불안 완화제(non-benzo-diazepine onxiolytic)와 유사한 약리적 활성을 갖는다고 추론함.

• 주의점 : 무독성, 무자극, 비과민성.

29) 재스민(Jasmine)

• 학 명 : Jasmmium officinalis
• 과 명 : 물푸레나뭇과(Oleaceae)
• 주산지 : 이집트, 인도
• 종 류 : 관목성 넝쿨성 식물
• 추출 부분 : 꽃
• 추출 방법 : 솔벤트 추출법
• 노 트 : Base note
• 화학 구성 주성분 : Ester*(benzylacetate), Alcohol(linalol)

- 역사적 용도와 전통적 이용법
  - 재스민 에센셜 오일은 장미처럼 고가.
  이유 : 수천 송이의 꽃이 모여 단지 1그램의 재스민 오일이 만들어지기 때문.
  - 재스민은 햇볕이 사라지고 땅거미가 어수룩해질 무렵에야 비로소 황홀한 향을 자아내는 꽃으로 유명함.
  - 밤에 꽃의 내부 화학 성분에 실제적인 변화가 있기에 밤에 꽃을 수확해야 하므로 노동 임금도 증가하게 됨.
  - 사랑의 묘약 : 재스민의 꽃이 밤에 아름다움 것처럼 밤의 역사에 주된 작용을 함 사랑의 묘약으로 오랫동안 사용되어 왔는데, 그 효과는 매우 강하여 최음제로 많이 알려짐.
- 임상 연구
  - J. sambac 꽃은 출산 후 젖 분비 억제 증상에 효과적임을 밝혀짐. 꽃으로부터 느껴지는 후각 자극은 젖 분비 억제를 조절할 수 있음을 제시함.
- 주의점 : 무자극성, 비민감성, 광독성X. 오일엔 코니페릴 아세테이트, 코니페릴 벤조에이트 성분이 알레르기 유발 성분이라 언급. 임산부는 사용에 주의.

30) 제라늄(Geranium)

- 학 명 : Pelargonium graveolens
- 과 명 : 쥐손이풀과(Geraniaceae)
- 주산지 : 이집트
- 종 류 : 풀
- 추출 부분 : 꽃의 핀 선단부, 잎
- 추출 방법 : 수증기 증류법
- 노 트 : Middle note
- 화학 구성 주성분 : Alcohol*(citronnellol, geraniol, linalol)
- 약리 및 임상 연구 : 기내에서 항진균 및 살균작용을 나타낸다는 것이 보고됨.
  이뇨성, 림프계 촉진 효과. 수렴성, 지혈성이 뛰어나 상처, 멍든 곳을 치유하는데 유용. 신경계 조절작용이 우수, 부신피질 자극제. 식물성 에스트로겐 성분(월경전

증후군, 폐경기 증후군 등 산부인과 증상에 효과적).

- 주의점 : 무독성, 무자극성, 비민감성. 민감성 피부 주의.

31) 주니퍼베리(Juniperberry)

- 학 명 : Juniperus communis
- 과 명 : 측백나무과(Cupressaceae)
- 주산지 : 프랑스
- 종 류 : 관목
- 추출 부분 : 열매(장과)
- 추출 방법 : 수증기 증류법
- 노 트 : Middle note
- 화학 구성 주성분 : Monoterpene*(α-pinene, myrcene, sabinene)
- 역사적 용도와 전통적 이용법

  - 고대 그리스, 로마, 아랍 의사 : 주니퍼의 소독작용을 귀중히 여김.

  - 15~16세기 약초학자 : 흑사병(Pest)에 효과 있다고 함.

  - 프랑스 병원 : 주니퍼와 로즈메리를 태워 병동의 공기를 정화시킴.

  - 몽골 : 출산을 시작한 여성에게 이 향유를 사용함 (분만에 이르게 하고 어머니로서의 적합성을 지원함).

  - 유고 : 만병통치약이라고 여김.

  - 열매를 내복하여 이뇨, 신경통, 류머티즘에 써옴.

  - 독일, 스칸디나비아 국가 : Spring clean으로 오랫동안 사용해 옴. 첫째 날-한 개의 열매를 먹음. 둘째 날-두 개. 그런 식으로 해서 최대 10일째 10개의 열매를 먹음.

- 임상 연구

  - 평활근에 항경련 효과가 있음.

  - 주니퍼 열매와 주니퍼 오일은 신장 사구체의 여과율이 배설작용을 촉진시킴. 신장 상피를 자극하는 것으로 알려져 있으며 혈뇨를 일으킬 수 있음.

  - 이뇨제로 사용.

• 주의점 : 무독성, 무자극성, 비민감성.

임산부, 신장에 질병이 있는 사람들에겐 금기.

32) 진저(Ginger – 생강)

• 학　명 : Zingiber officinale
• 과　명 : 생강과(Zingiberaceae)
• 주산지 : 스리랑카, 중국, 인도네시아
• 종　류 : 허브
• 추출 부분 : 껍질을 벗기지 않은 건조된 식물 뿌리, 줄기
• 추출 방법 : 수증기 증류법
• 노　트 : Middle note
• 화학 구성 주성분 : Sesquiterpene*(zingiberene)
• 역사적 용도와 전통적 이용법

  - 위장 계통, 식욕 촉진제, 치통, 말라리아, 근육통, 류머티즘 등 골 근육계에도 쓰여 옴.

  - 기침, 기관지염, 건위제로 사용.

  - 공자 시대(BC 500) : 공자는 식사 때 생강 없이는 결코 식사를 하지 않았다고 함.

  - 한의학 : 생강 = 감기, 오한에 사용, 땀과 점액을 배출, 식욕을 돋우는데 사용.

  말린 생강 = 위통, 설사, 구역질, 콜레라, 출혈 치료에 사용.

  - 그리스의 의사 Dioscorides : 소화 촉진제로 사용하라고 권함.

• 약리 및 임상 연구

  - 올레오 수지 = 콜레스테롤을 낮추는 제제. 진저롤 = 담즙 분비 촉진제, 간장 보호제.

  - 올레오 수지에 들어 있는 진저롤 성분은 케터콜아민 성분! 즉 쥐의 정맥 주사 후에 부신 수질에서 분비되는 아드레날린 호르몬의 분비를 향상시킴.

  - 항구토성, 근수축성, 장의 연동작용, 타액, 위액 분비를 촉진하는 효과가 있다고 설명.

  • 주의점 : 무독성, 무자극성. 개인에 따라 과민성을 일으킬 수도 있음.

33) 캐모마일(Chamomile)

- 학　명 : (A) Matricaria recutita(Chamomile German)
  (B) Anthermis nobilis(Chamomile romam)
- 과　명 : 국화과(Compositae or Asteraceae)
- 주산지 : (A) 유럽, 헝가리, 러시아
  (B) 프랑스, 이탈리아, 이집트, 모로코
- 종　류 : 허브
- 추출 부분 : (A) 말린 꽃봉오리 / (B) 꽃대
- 추출 방법 : 수증기 추출법
- 노　트 : Middle note
- 화학 구성 주성분 : (A) Monoterpene, Sesquiterpen (B) Ester*(isobutyl angelate, isoamylangelate)
- 역사적 용도와 전통적 이용법

  (A) 꽃 : 주로 허브차에 사용. 오일-화장품에 쓰임.

  (B) 이집트인 : 이른 새벽에 아름다운 꽃잎을 펼치는 캐모마일을 신성이 여겨 신에 올리는 의식도 새벽에 행하였고, 태양신에게 캐모마일을 바침. 기원전 1361~1352년의 고대 이집트의 왕이었던 투탕카멘의 무덤에 캐모마일의 흔적이 수천 년이 지나도 그대로 남아 있어 캐모마일에 대한 사랑을 느낄 수 있음.

  - Culpeper : 정신, 신경계 효과. 머리, 뇌를 편하게 만들어 주는데 권함.

  - Grieve 부인 : 캐모마일 차(여성-히스테리, 신경 피로에 효과적인 치료제, 통경제로 사용).

  - 캐모마일 꽃 : 수종증의 증상들에 강장제로 추천(이뇨성, 강장성), 외상용(부기, 염증성 통증, 울혈성 신경통-고약과 찜질약으로 사용).

  - Valent : 백혈구를 증가시키는 촉진제로 추천. 감염에 대한 저항성이 낮고 반복적으로 쉽게 감염되는 사람에게 권함.

  - Tisserand : 불안감, 신경과민, 성급함을 진정시키는 효과는 간에 미치는 캐모마일의 작용과 연관됨.

  - 약초가 : 분노의 감정 상태는 담즙액(holeric humour) 및 간장과 연관됨.

• 임상 연구

(A) 모노테르펜과 세스퀴테르펜 성분이 풍부하여 담즙 배출 촉진작용 및 담즙 분비작용을 나타냄.

(-)-α-bisabolol 이 성분이 항경련성, 항염증성 효과에 큰 기여함.

(B) 흰 꽃 품종엔 상당량의 엔젤 에스테르(angelic ester) 성분을 함유함. 엔젤 에스테르 성분(진정성 및 항염증성의 향상에 기여).

• 주의점 : (A) 비독성, 비자극, 비민감성.

   (B) 비독성, 비자극, 비민감성. 국화과 식물 알레르기가 있는 경우 사용하지 말아야 함.

34) 캐롯시드(Carrot seed – 당근)

• 학　명 : Daucus carota
• 과　명 : 산형화과(Umbelliferae)/Apiaceae
• 주산지 : 플랑스, 네덜란드, 헝가리
• 종　류 : 허브
• 추출 부분 : 말린 야생 당근씨, 식용 당근 적색 뿌리 과육
• 추출 방법 : 수증기 증류법, 솔벤트 추출법
• 노　트 : Top note
• 화학 구성 성분 : Monoterpene*(α-pinene, β-pinene), carotol

HOROT, DAUCUS CAROTA L.

• 역사적 용도와 전통적 이용법 : 햇볕 차단제나 베타 카로텐 및 비타민 A의 원료로 쓰임.
• 임상 연구

   - 분리시킨 동물 내부 기관 : 혈관 확장 및 불수의근 이완 효과를 나타내는 것으로 보고하고 있음.

   - 개구리, 개 : 심장발작작용을 약화시킴.

   - 간장 강화성, 정화성, 이뇨성이 인정. 우수한 간 세포 재생제. 피부의 세포 재생제로 우수함.

• 주의점 : 무독성, 무자극, 비민감성.

35) 클라리세이지(Clary Sage)

- 학 명 : Salvia sclare
- 과 명 : 꿀풀과(Labiatae or Lamiaceae)
- 주산지 : 프랑스, 불가리아
- 종 류 : 허브
- 추출 부분 : 꽃이 핀 선단부, 잎
- 추출 방법 : 수중기 증류법
- 노 트 : Middle note
- 화학 구성 주성분 : Ester*(lianly acetate), Alcohol(linalol)
- 역사적 용도와 전통적 이용법

  - Clary는 라틴어의 sclarea에 유래하는데, sclarea는 '맑고 투명하다(clear)'를 의미하는 clarus에서 유래함. 그러나 Clary라는 이름은 점차적으로 눈을 맑게 하다(Clear Eye)로 변형됨. 그 이유는 이 허브 식물은 눈에 생기는 점액(mucus)을 맑게 하는데 사용된 적이 있기 때문임.

  - 영국의 조산원 : 산모의 분만이 지연되는 경우 클라리세이지가 자궁 수축을 촉진시켜 분만을 쉽게 하도록 하는 것으로 시도함.

  - 양조장 : 1562년 맥주에 향을 내고 술을 빨리 숙성시키고 독하게 만들기 위해 첨가됨. 클라리세이지는 사람을 취하게 하는 효과가 있기 때문.

- 임상 연구

  - 동물 : 경련 유발 억제 활성을 나타냄을 보고.

  - Balace & 이탈리아 연구진 : 클라리세이지의 항염증 및 말초 진통 효과에 대해 연구. 쥐에게 클라리세이지를 259mg/kg으로 피하 주사한 후 상당한 항염증 효과, 완만한 진통 작용이 나타남. 항염증 반응은 히스타민 유도성 염증보다 카라기닌(carrageen) 유도성 부종에 더 뚜렷하게 나타남.

- 주의점 : 비독성, 비자극성, 비민감성. 임신 저혈압인 경우 주의.

  적용한 후 운전을 곧바로 하지 않도록 하며, 사용 전후 24시간 동안 알코올 복용하지 않음.

36) 클로브(Clove – 정향)

- 학 명 : Eugenia cryophyllus
- 과 명 : 도금양과(Myrtaceae)
- 주산지 : 마다카르
- 종 류 : 교목
- 추출 부분 : 말린 꽃봉오리
- 추출 방법 : 수증기 증류법
- 노 트 : Base note
- 화학 구성 주성분 : Phenol*(eugenol), Ester(eugenylacetate), Sesquiterpene(β-caryophyllen)
- 역사적 용도와 전통적 이용법
  - 르네상스 시대 : 피부병, 전염병이 가까이 오지 못하게 하려고 클로브로 포마드(pomader)를 만듦.
  - 전통적인 민간 약제 : 구풍제, 구토 억제제, 반대 자극제로 사용.
  - 클로브 차 : 멀미 없애는데 사용.
  - 클로브 오일 : 치통 경감 효력.
  - 중국인 : 크로브를 씹어서 치통을 완화시키고 숨결을 향기롭게 사용.
- 임상 연구
  - 방부성, 광범위한 항미생물 작용, 구충성, 유충 박멸성이 보고됨.
  - 항히스타민성 및 진경성이 보고되어 있으며, 강력한 혈소판 응집 억제제임.
  - Phenol*(eugenol) : 통증 인식과 연련되는 감각 수용체를 약화시키는 작용. 뛰어난 방부성.
  - 높은 투약 농도(0.5mL/kg) 독성 : 어린이 아이들에게 중추신경(CNS) 저하, 간 괴사, 경련, 지혈 이상 증상을 유발시킴.
- 주의점 : 민감성 인자, 임신 중 사용 금지

37) 타임[Thyme − 백리향]

- 학 명 : Thymus vulgaris
- 과 명 : 꿀풀과(Labiatae)
- 주산지 : 프랑스
- 종 류 : 수직성 상록 반관목
- 추출 부분 : 말린 잎, 꽃이 붙어 있는 꽃대의 윗부분
- 추출 방법 : 수증기 증류법
- 노 트 : Top note
- 화학 구성 성분 :

  1) Thymol CT : Phenol*(thymol, Monoterpene(Para-cymene, ν-Terpinene)

  2) Geraniol CT : Alcohol*(geraniol, terpinene-4-ol)

  3) Linalool CT : Alcohol*(linalol, Terpinene-4-ol)

  4) Thujamo CT : Alcohol*(Trans thjanol 4, terpinene-4-ol, myrcene-8-ol),

  Monoterpene(alpha terpinene, myrcene, limonene, sabinene)

- 역사적 용도와 전통적 이용법

  - 꽃의 향기가 백 리까지 간다고 백리향이라고 함.

  - 신화 : 트로이의 헬레네가 흘린 많은 눈물에서 탄생했다고 함.

  - 훈향으로 이용, 그리스 신의 제단에 사용됨.

  - 고대의 이집트 : 시체의 방부제로 사용. 이 식물에 강력한 방부 특성이 있기 때문.

  - 중세 말기 : 강력한 소독작용이 법조계에 중요한 역할을 함. 판사들은 타임의 작은 줄기를 법정에 갖고 들어가 감염을 예방했다고 함.

- 약리 및 임상 연구

  - 항경련, 거담성, 구풍 효과, 뛰어난 항균작용이 있다고 보고됨.

  - 티몰 성분 : 강한 살진균성, 구충성이 있는 것으로 보고됨.

  - 항산화 특성은 충분히 연구되어 옴.

  - 주의점 : 무독성, 무자극성, 일부 개인에겐 과민성.

38) 티트리(Tea tree)

- 학　명 : Melaleuca alternifolia
- 과　명 : 도금양과(Myrtaceae)
- 주산지 : 오스트렐리아
- 종　류 : 관목, 작은 수목
- 추출 부분 : 잎
- 추출 방법 : 수증기 증류법
- 노　트 : Top note
- 화학 구성 성분 : alcohol*(terpinene 4-ol), Monoterpene*(ν-terpinene, α-terpinene), Oxide(1,8 cineole)
- 역사적 용도와 전통적 이용법

  - 호주 원주민 : 약효로 인식. 감기, 두통을 완화시키는 목적으로 잎을 손안에서 간단하게 으깨서 휘발성 오일을 흡입함.

  - 1920년대 처음으로 호주에서 증류됨. 의약적 특성은 얼마 안 있어 확인됨.

- 임상 연구

  - 영국 의학 저널지 : 알코올보다 티트리가 20배 이상 살균 효과가 있다는 것이 입증되었고, 면역력을 강화시켜 줌으로써 AIDS 환자의 보조 치료제로 사용됨.

  - Southwell : 항진균, 구충작용 시니올 성분 때문에 향상된다고 말함.

  - 항균성, 항진균성은 임상 연구를 통해 충분히 입증됨.

  - 여드름 치료와 손발톱 진균 치료에 잠재적 효력을 보여줌.

  - 여성의 질 전염병 효과도 성공적으로 검사됨.

  - 파라시멘 성분 : 피부에 통증성 홍반, 부기를 일으키는 잠재적 피부 자극제로 확임됨. 파라시멘 함량이 높은 산화된 티트리 오일 피부 적용 시 치유가 더디고 광범위한 화학물 화상을 유발시킴.

- 주의점 : 무독성, 무자극, 일부 사람들에게 과민 반응이 일어날 수 있음.

39) 파인(Pine)

- 학　명 : Pinus sylvestris
- 과　명 : 소나무과(Pinaceae)
- 주산지 : 프랑스
- 종　류 : 교목
- 추출 부분 : 침엽, 어린 가지, 솔방울
- 추출 방법 : 수중기 증류법
- 노　트 : Middle note
- 화학 구성 성분 : Monoterpene*(α-pinene, β-pinene, myrcene)
- 역사적 용도와 전통적 이용법

  - 히포크라테스 : 기관지, 호흡계의 문제에 사용함.

  - 아비세나 : 폐염 치료에 사용함.

  - 소나무 숲에서 자는 것은 사람의 생명을 연장시켜줌.

  - 소나무 잎 오일 : 제약품(기침, 감기약, 분무용액, 코 점막수축제, 진통 연고제로 광범위하게 이용).

  - Marguerit Maury : 통풍, 류머틱 증상, 폐 감염 치료, 이뇨제로도 매우 유용하다고 함.

- 약리 및 임상 연구 - 항미생물 활성. 리모넨, 디테르펜과 보르닐 아세티이트는 항바이러스와 항균 특성을 담당하는 주요 성분들로 보고됨.

- 주의점 : 무독성, 무자극, 비과감성. 가끔 피부에 부작용을 일으킬 수 있음(민감성 피부, 아이들 피부에 사용 시 항상 충분히 희석시켜 사용).

40) 파출리(Patchouli)

- 학　명 : Pogostemon patchoulii
- 과　명 : 꿀풀과(Labiatae)
- 주산지 : 말레이시아, 인도네시아
- 종　류 : 관목

- 추출 부분 : 잎
- 추출 방법 : 수증기 증류법
- 노 트 : Base note
- 화학 구성 성분 : Alcohol*(patchoulol)
- 역사적 용도와 전통적 이용법
  - 동양에서 질병의 확산을 막는 예방제로 사용.
  - 의복의 향을 내는데 사용. 벌레와 뱀에 물렸을 때 해독제로 사용하기도 함.
  - 파츌리가 재배되는 곳은 잘 말려서 잘게 부스러진 파츌리 잎사귀를 가지고 옷감에 향을 들이거나 벌레 퇴치하는 목적으로 사용.
  - 유럽에는 1826년에 알려지기 시작함. 인도에서 들어온 어깨에 걸치는 캐시미어 숄 때문. 인도의 수공 제품 숄을 본떠 스코틀랜드와 프랑스에서도 기계로 제작된 모방 제품들을 다량 생산했는데, 이상하게도 인도 제품에서만 은은하게 풍기는 그 독특한 향기만은 도저히 모방할 수 없었다. 알아본 결과 파츌리 향임을 알게 되었고, 그 후부터 유럽인들은 파츌리 오일을 수입하여 자기네의 모방 제품들에게 파츌리 향을 사용하게 되었다. 그 후 파츌리는 오리엔탈 향수 정착액으로도 쓰임.
- 임상 연구 : 포고스톤(pogoston) 성분은 항미생물 활성을 띠는 것으로 보고됨. 살균성을 담당함.
- 주의점 : 무독성, 무자극.

41) 팔마로사(Palmarosa)

- 학 명 : Cymbopogon martinii
- 과 명 : 벼과(Gramineae)
- 주산지 : 마다가스카르
- 종 류 : 풀
- 추출 부분 : 잎
- 추출 방법 : 수증기 증류법
- 노 트 : Top note

- 화학 구성 성분 : Alcohol*(geraniol, linalol), Ester(geranyl acetate)
- 역사적 용도와 전통적 이용법
  - 인도 : 열을 내리고 소화기 계통의 질환에 쓰임. 요통 류머티즘을 완화시키기 위해 팔마로사 오일로 관절을 마사지하며 위장장애를 완화시키는데 내복함.
  - 향수 산업, 미용 산업, 비누, 식품 향료에 빼놓을 수 없는 성분임.
- 임상 연구
  - 뛰어난 항진균과 항세균성을 나타낸다고 보고됨.
  - Anopheles cullicifacie(중요한 말라리아 수용체)에 11시간까지 거의 완벽하게 방어하는 것으로 밝혀짐.
  - 디메틸 및 디부틸 프탈레이트와 같은 합성 벌레 퇴치제에 필적하는 것으로 여김.
- 주의점 : 무독성, 무자극성, 비민감성.

42) 페퍼민트(Peppermint – 박하)

- 학　명 : Mentha piperita
- 과　명 : 꿀풀과(Labiatae)
- 주산지 : 프랑스, 이탈리아
- 종　류 : 허브
- 추출 부분 : 꽃이 핀 선단부, 잎
- 추출 방법 : 수증기 증류법
- 노　트 : Top note
- 화학 구성 성분 : Alcohol*(menthol), Keton(menthone), Oxide(1, 8 cineole)
- 역사적 용도와 전통적 이용법
  - 서부 영화를 보면 기절한 정의의 사나이인 주인공을 꼭 인디언 추장이 구해주는데, 주인공이 정신을 차릴 수 있도록 만드는 신비한 가루가 바로 페퍼민트 가루임.
  - 우리 속담 '호랑이에게 물려가도 정신만 차리면 산다.' 페퍼민트 향이 있다면 정신을 차리는데 더할 나위 없이 좋을 듯함. 그러나 자기만 맡아야지 호랑이를 맡게 해서는 곤란함.

- 박하라고 부르는 것으로 속명은 '멘타'!

로마 신화에 나오는 지하의 신 '플로토'는 아름다운 요정 '멘타'를 사랑했는데, 이를 질투한 그의 아내 '페르세포네'가 그 사실을 알고 가련한 소녀 '멘타'를 잔인하게 땅에 밟아 뭉개어 버렸다. '플로토'는 가슴 아프게 '멘타'를 그리워하여 소녀를 한 그루의 약초로 변신시켰다는 데서 '멘타'라는 이름이 유래되었다고 함.

- 로마인 : 페퍼민트 잔가지를 담은 그릇을 연회장 테이블 위에 놓았고 손님의 머리에 페퍼민트 띠를 두르게 하였음.

- 이유 : 두통을 쫓아내는 방법으로 처음 발견된 것이라고 함.

• 임상 연구

- 페퍼민트 오일과 일반적인 에센셜 오일 성분인 리모넨, 제라닐 아세테이트에 쥐의 담즙 분비에 미치는 효과를 시험.

결과 : 페퍼민트 오일에서 가장 강력한 담즙 분비 촉진 활성을 나타내는 것으로 나타남.

- 내시경 하는 동안 결장의 경련을 감소시키는 데 도움이 된다고 밝힘.

- 인공 항문 착용한 환자와 관련된 임상.

인공 항문 형성으로 발생하는 고통을 상당히 낮추도록 지원함.

페퍼민트를 함유하는 장 피복약을 복용시킴.

인공 항문 주머니에서 나는 냄새를 감춰주는 기능, 장의 평활근에 미치는 진경 효과. 결장 압력을 낮추고 기포 형성을 막는 사실도 발혀짐. 모두 수술 후에 나타나는 복통과 인공 항문 주머니의 교환 빈도를 낮추는데 도움이 됨.

- 멘톨 : 비강 점막 수축제로 제공. 차가운 느낌은 비강의 온도수용체를 자극하기 때문. 멘톨 기체는 호흡작용을 억제하고 일시적 호흡 정지를 유발할 수 있음. 매우 어린아이에게 비강 점막으로 페퍼민트 오일, 멘톨을 직접 적용하는 것은 못하게 말려야 함.

- 항세균과 항진균 효과를 나타냄.

• 주의점 : 무독성, 무자극성, 과민성일 때도 있음. 페퍼민트 오일 함유 제품은 유아나 어린이들의 얼굴, 특히 코에는 사용하지 말아야 한다고 권함.

43) 펜넬(Pennel)

- 학　명 : Foeniculum vulare
- 과　명 : 산형화과(Umbelliferae)
- 주산지 : 프랑스
- 종　류 : 허브
- 추출 부분 : 씨
- 추출 방법 : 수증기 증류법
- 노　트 : Middle note
- 화학 구성 주성분 : Phenol*(estragol), Monoterpene(limonene)
- 역사적 용도와 전통적 이용법
  - 고대 그리스 : '마라트론'이라 불렀는데 이것은 '마라노'라는 '여위다'라는 뜻을 가진 말에서 유래된 것으로 펜넬이 체중 감량에 효과가 있어 붙여진 이름.
  - 고대 중국인 : 뱀에 물렸을 때 해독제로 사용.
- 약리 및 임상 연구
  - 여성 생식기관에 도움을 줌(에스트르겐과 비슷한 작용을 하여 여성 내분비계를 활성화시키기 때문인 것으로 보임).
  - 동물 실험 : 펼환근에 경련 억제 효과가 있는 것으로 보고됨.
  - 아네톨, 펜촌 : 상부 기도관의 점액 분비를 자극하는 것으로 밝혀짐.
  - 아네톨 : 쥐, 기니아 돼지에서 십이지장으로의 담즙 분비 촉진 및 간에서 담즙 분비 촉진 효과가 있는 것으로 밝혀짐.
  - 이뇨성 및 림프 울혈 제거 효과가 있어 신체가 독소를 배출하도록 지원.
  - 이뇨관 소독제로 사용.
- 주의점 : 수유기, 임신 중, 아기, 유아, 간질로 고생하는 사람에게 사용해서 안 됨.

44) 히솝(Hyssop - 우슬초)

- 학　명 : Hyssopus officinalis
- 과　명 : 꿀풀과(Labiatae)
- 주산지 : 프랑스
- 종　류 : 준관목
- 추출 부분 : 잎, 개화 중인 꽃대
- 추출 방법 : 수증기 증류법
- 노　트 : Middle note
- 화학 구성 주성분 : 1) Keton*(isopinocamphone, pinocamphone)

  2) Hyssop decumbens : Alcohol*(linalol), Oxide(1,8 cineole)

- 역사적 용도와 전통적 이용법
  - 구약 성서 시편 51장 7절 "우슬초로 나를 정결케 하소서, 내가 정하리이다. 나를 씻기소서, 내가 눈보다 희리이다."라고 다윗 왕이 읊은 시가 있는데 여기서 나오는 우슬초가 히솝! 정화 효과를 나타냄. 우리의 영혼을 깨끗이 하는 향으로 소개됨.
- 임상 연구 : 허브 추출물은 항바이러스 활성을 나타내는 것으로 보고됨. 혈압 상승제(순환 조절 효과가 있음).
- 주의점 : 임신 기간, 간질 증상이 있는 사람, 어린이, 고혈압 환자들 사용 금지.

10. 아로마테라피의 주의 사항

- 순도 100% 사용

  오일이 순수하지 않으면 향이 좋아도 오일의 생명력이 없으므로 치료 효과는 떨어진다.
- 혼합 비율을 반드시 지킬 것

  Face : Carrier Oil의 1%

  Body : Carrier Oil의 2~2.5%

  국부적 : Body 용량의 4~5배

- 원액 복용 금지

  E.O 복용 시 Terpen 성분이 위에 자극을 주어 염증이나 위 경련을 일으킬 수 있다.
- 신생아, 어린이, 임산부.

  신생아나 어린이, 임산부의 경우 용량을 1/2로 줄여 준다.
- 사용 기간

  E.O의 유효 기간은 2년 이상이지만 캐리어 오일로 희석 시 6개월 정도만 유효하다.
- 오일은 차광 병에 보관

  오일의 변질을 막기 위해 빛이 통하지 않는 차광 병에 넣어 어둡고 시원한 곳에 아이들 손에 닿지 않게 보관해 둔다.
- 임산부

  임산부의 경우 3개월 이전에는 E.O 사용을 금하고 5개월 이후에는 용량을 1/2로 줄여 준다. 오일로는 바질, 시다우드, 히솝, 페파민트, 타임, 너트머그, 미르, 마조람, 주니퍼, 재스민, 로즈메리 등이 있다.

11. Carrier Oil

1) 캐리어 오일의 분류

(1) 캐리어 오일의 분류

> 스위트 아몬드(Sweet almond), 살구씨(apricot kernel), 그레이프씨드(Grapeseed), 복숭아씨(Peach kernel), 해바라기(Sunflower)

가장 일반적인 캐리어 오일들로서 에센셜 오일과 혹은 이들 오일만으로 전신 마사지에 사용할 수 있다.

끈적이고 점성이 있는 캐리어 오일

> 아보카도(Avocado), 이브닝 프라임로즈(Evening primrose), 호호바(Jojoba), 로즈힙(Rose hip), 윗점(Wheatgerm)

온침시킨 캐리어 오일(Macerated Carrier Oils)

카렌쥴라(Calendula), 캐롯 오일(Carrot Oil)

(2) 캐리어 오일의 종류와 특성

- 스위트 아몬드 오일(Sweet almond)
- 학명 : Prunus amigdalis var. dulcis
- 냉압착법

비타민 A, B$_1$, B$_2$, B$_6$, E 및 올레인산과 리놀산의 트리글리세리드(Trglyceride)를 함유하고 있고 영하 15도 이하로 내려가면 혼탁과 응고하기 시작한다. 이 오일은 대부분 피부에 사용할 수 있으며 피부 보호와 영양을 주고 오래 남아 있기 때문에 건성 피부에 효과가 있으며 습진, 건선, 피부염 등으로 인한 자극을 가라앉힌다. 또한, 아기들의 기저귀 발진과 일광화상을 진정시킨다.

- 아프리코트 커넬 오일(Apricot kernel oil) = 살구씨 오일
- 학명 : Prunus armeniaca
- 냉압착법

아프리코트 커넬 오일은 스윗트 아몬드 오일과 거의 비슷하다. 주성분은 올레인산과 리놀산의 트리글리세리드(triglyceride)이며 날씨 추운 지역에서 목욕 오일로 적합하다. 아프리코트 커넬은 피부 연화와 영양제로 매우 우수하며 끈적임이 적고 흡수가 빠르고 사용감이 매우 가벼워 미네랄 오일을 대신할 수 있다고 알려져 있다. 비타민 A가 풍부해 예민하고 건조하며 노화된 피부에 좋고 습진으로 인한 자극을 진정시킨다.

- 아보카도(Avocado oil)
- 학명 : Persea gratissima
- 냉압착법

아보카도 나무에 녹갈색 열매의 과육을 얇게 썰어 말린 것으로 압착된다. 성분은 올레인산과 리놀산의 트리글리세리드(triglyceride)이며, 비타민 A, 프로비타민

A, 비타민 B 복합체, 레시틴, 피토스테롤(phytosterol)을 함유하고 있다. 우수한 피부 연화제로 대부분 다른 캐리어 오일보다 표피로 더 깊숙이 침투하는 것으로 알려져 있다. 건조하고 가려운 피부를 치료하는 데 유용하고, 섬유아세포를 증가시키고 활성화시키는 작용이 우수하여 노화된 피부에 좋다. 그 이외에도 셀룰라이트, 마른 습진, 두피 강화 등에 좋으며 자연산 차단제로도 이용할 수 있다.

> • 보리지(Borage oil)
> • 학명 : Borage officinalis
> • 냉압착법

필수지방산인 현재 가능한 감마-리놀렌산(Gamma Linolenic acid : GLA)은 보리지 오일 성분이 16~23%으로 가장 풍부하다. 피부 재생, 세포 활성 증가와 신진대사 향상 기능이 우수하여 노화 피부(주름)를 완화시킴으로 젊음을 유지시켜 준다. 아토피성 피부, 습진, 건선, 피부염 등의 치료에 효과적이며 여성호르몬 조절 기능이 있어서 월경전증후군, 폐경기, 월경 전 신경이 곤두서는 긴장증과 가슴의 통증을 해소한다. 또한, 탈모증 치료에도 이용된다.

> • 이브닝 프라임로즈(Evening Primroseoil)
> • 학명 : Oenothera biennis
> • 냉압착법

이브닝 프라임로즈 오일은 두 가지 중요한 불포화지방산을 함유하고 있다. 70%의 리놀렌산(지질 이중막 형성 요소)과 10%의 감마-리놀렌산(Gamma Linoleic acid : GLA-혈중 콜레스테롤 감소, 항알러지, 항염증 효과)을 포함하고 있다. 여성호르몬 조절 기능이 있어 월경전증후군, 폐경기에도 좋다. 심장질환을 예방하는데 효과적이며 혈압을 감소시킨다. 또한, 피부 재생 효과가 있어 노화 피부에 좋으며 상처 치유를 촉진시킨다.

> • 칼렌듈라(Calendula Oil)
> • 학명 : Calendula officinalis
> • Sunflower에 냉침

칼렌듈라 오일은 항염 효과, 항경련, 담즙 생산을 증가와 상처 치유를 도와준다. 욕창, 타박상, 잇몸 염증, 정맥 파열증, 만성 궤양, 심한 상처와 정맥류에 효과가 좋고 두드러기 및 갈라지는 피부에 효과가 좋으며 마른 습진을 치료하는데 좋다.

- 캐롯 오일(Carrot oil)
- 학명 : Daucus carota
- Sunflower에 냉침

캐롯 오일은 베타카로틴, 비타민 A, B, C, D, E, F가 풍부하다. 건선, 습진과 같은 피부에 좋으며, 특히 노화를 지연시키는데 매우 효과적이다.

- 코코넛(Coconut oil)
- 학명 : Cocos nucifera
- 정제

코코넛 오일은 피부를 실크처럼 부드럽게 만들며 또한 모발을 컨디셔닝하는 데에도 매우 우수하다.

- 그레이프씨드(Grapeseed oil)
- 학명 : Vitis vinifera
- 정제

그레이프씨드 오일은 고함량의 리놀렌산(불포화지방산)으로 콜레스테롤이 없으며 유분이 가장 적은 캐리어 오일로 피부에 쉽게 스며든다. 비타민, 미네랄이 풍부하고 수렴작용이 있어 지성 피부에 사용하면 좋다.

- 호호바(Jojoba oil)
- 학명 : Simmondsia sinensis
        Buxus chinesis
- 냉압착법

호호바 오일은 다른 캐리어 오일처럼 식물성 오일이 아니라 액상 왁스이다. 화학적 구조는 피지와 유사하기 때문에 피부 친화성이 좋고 잘 흡수가 잘되며 끈적이지 않아 사용감이 좋다. 모든 피부에 좋으나 항염, 항균 효과가 있어 피부염에 좋으며 특히 모공 속의 각종 노폐물을 잘 용해시키므로 여드름 및 지성 피부에 효과적이다. 또한, 비만관리, 건성 두피와 피부, 건선과 습진에 사용할 수 있으며, 매우 밸런스 효과가 있는 오일이다.

- 로즈힙(Rose Hip oil)
- 학명 : Rosa mosqueta
- 냉압착법

로즈힙 오일은 불포화지방산을 다량 함유하고 있으며 지질과산화 속도를 늦추는 효과가 있어 세포 성장 및 재생에 도움을 줌으로 조로 현상을 방지하고 주름을 감소시키며 반흔 조직을 감소시킨다. 오렌지, 레몬의 20배로 비타민 C를 함유하고 있으며 비타민 A도 풍부하다. 멜라닌 색소 억제 효과, 모세혈관 파열을 감소시키는 효능, 피부에 수분을 공급과 진정작용을 하며 화상, 습진에 매우 유용하다.

- 윗점(Wheatgerm oil)
- 학명 : Triticum vulgare
- 냉압착법

윗점 오일은 천연 항산화제인 비타민 E가 가장 풍부한 오일이다. 건성, 노화 피부에 효과적이며 임신선 및 흉터 방지작용이 뛰어난 것으로 알려져 있다.

12. 체질에 따른 실제 아로마테라피

1) 임상 아로마테라피

- 뇌에 미치는 영향
신경전달 물질은 스트레스에 반응하여 신경전달 물질을 방출하는데 기본이 되는 물질이다.

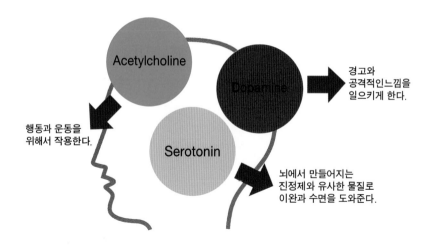

행동과 운동을
위해서 작용한다.

경고와
공격적인느낌을
일으키게 한다.

뇌에서 만들어지는
진정제와 유사한 물질로
이완과 수면을 도와준다.

2) 한의학의 특성

- 오장육부 안에 깃들어 있는 정지(情志)인 칠정(七情)이 깃들어 있다고 본다.
(간장은 분노, 심장은 기쁨, 비장은 생각, 신장은 공포, 폐장은 슬픔 주관)

- 팔강(八綱)과 사진법(四診法)을 통해 질병의 진단과 치료에 응용 : 체질적 특
성과 정서, 환경적 차이에 따라 아로마 선정 → 매우 효율적인 스트레스 병 관리

시약을 샘플로 사상, 팔체질 검사법을 가라앉힌다. 또한, 아기들의 기저귀 발진
과 일광화상을 진정시킨다.

시약을 샘플로 사상, 팔체질 검사법

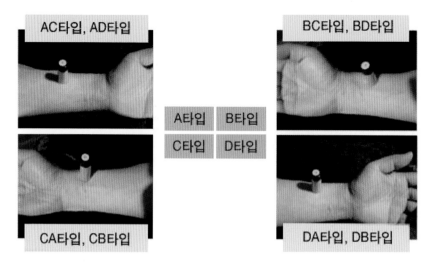

ACE타입, AD타입

BCE타입, BD타입

| A타입 | B타입 |
| C타입 | D타입 |

CAE타입, CB타입

DAE타입, DB타입

3) 오링테스트

1970년대 의학물리학자 오무라 박사는 동양의학과 서양의학의 결합으로 검사 방법으로 오링테스트를 발견하였다.

지구상에 존재하는 모든 생명체의 세포, 조직, 혈액, 근육, 장기 등은 물론 혈액순환, 물질대사, 산화 환원 등의 과정은 전자의 전도, 이온의 이동 등이라는 생물전기 현상이 반드시 존재하고 있다. 즉 모든 생명체는 일정하게 전기적인 생체 자기를 유지하면서 생명 활동을 한다.

피부를 통하여 과다한 전위를 공중 또는 지표로 방출하며 부족한 경우에는 주변에서 필요한 전위를 피부로부터 생체 내로 흡수하여 전기적인 평행을 유지한다.

피부의 표면 공간에는 생체장(Bio Field)을 형성하게 된다.

이로 인해 이상이 있는 부위는 인체의 정상적인 부분과 틀린 전자장을 가진다.

이때 어느 한 곳을 가볍게 자극한다면 자극이 뇌에 전달되어 그 부분과 기관이 병적인가 아닌가를 판단하여 볼 수 있다. 손가락의 근력의 세기가 매우 약해지는 것으로 이상의 여부를 판정한다.

(1) 오링테스트를 위한 준비

피술자는 액세서리, 동전, 휴대전화 등 금속물을 소지하지 않는다. 미약한 파장에도 혼란이 오기 때문에 일반적인 옷보다는 흰색의 가운만 입거나 흰색의 면 속옷만 입고 테스트하는 것이 보다 정확하다.

컴퓨터나 전기제품을 켜 두고 테스트하는 것을 피한다.

머리를 북쪽을 향하고 누워서 테스트하는 것이 좋다.

피술자와 시술자 모두 생각을 비운다.

피술자 주변에 1m 정도 안에는 다른 사람이 없도록 한다.

(2) 오링테스트 방법

피술자는 손가락으로 O자를 만든다.

시술자는 O자를 만든 손가락을 잡고 옆으로 잡아당긴다.

(이때 근력이 약해졌는지 강해졌는지 느끼고 관찰을 잘하는 것이 중요하다.)

13. 체질에 따른 아로마 요법의 관리 방법

1) 좌뇌(음) · 우뇌(양) 에너지 조정법

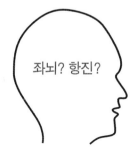
좌뇌? 항진?

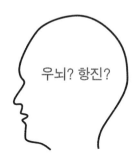
우뇌? 항진?

2) 비만관리 임상 아로마오일

구분	모공 수축	여드름	붉은 피부	데콜데관리 (신경안정 및 혈액순환)
VATA	Myrrh + Sandal wood	Sandal wood + Ylang Ylang + Lavender + Juniper	Sandal wood + Chamomile german	Lavender + Clay sage + Ginger + Ylang Ylang
PITTA	Lemon + Chamomile	Chamomile + pine + Peppermint	Sandal wood + Chamomile german	Chamomile + Fennel + Lavender + Peppermint
KAPHA	Cypress + Geranium	Eucalyptus + pine + Tea tree + Chamomile roman	Lavender + Chamomile german	Lavender + Chamomile + Eucalyptus + Majoram + Geranium

3) 피부 타입별 임상 아로마오일

각 타입에 어떤 아로마가 효과적일까?

Geranium, Juniperberry, Clary Sage, Pine, Fennel, Orange, Cypress, Majoram, Lemon, Grape frape

KAPHA : 주니퍼베리, 펜넬, 사이프러스, 제라늄

PITTA : 로즈메리, 레몬, 그레이프프루트

VATA : 마조람, 오렌지, 클라리세이지

4) 통증에 효과적인 아로마오일

각 타입에 어떤 아로마가 효과적일까?

> Geranium, Juniperberry, Clary Sage, Fennel,
> Majoram, Lemongrass, Peppermint

KAPHA : 펜넬, 주니퍼

PITTA : 페퍼민트, 레몬글라스

VATA : 클라리세이지, 마조람

5) 암 환자에게 도움이 되는 아로마오일

각 타입에 어떤 아로마가 효과적일까?

> Ylang Ylang, Lemongrass, Tea tree, Eucalyptus, Chamomile roman,
> Chamomile German, Lavender, Clary Sage, Peppermint

KAPHA : 캐모마일 로먼 또는 캐모마일 저먼, 유칼립투스

PITTA : 레몬글라스, 티트리, 페퍼민트

VATA : 라벤더, 클라리세이지, 일랑일랑

TIP 혈액이 문제 조심, virus에 민감, 온도에 제일 민감, 더위를 잘 참음(꼭 이불 덮고 잠), 편두통이 많다.

- lemon. bergamot. pine을 많이 사용 (pitta : tea tree 가 좋다, Vata : myrrh이 상체에 맞음. 예) 모공 수축, 가래 완화

- frankincense, rosewood, sandalwood frankincense 가 하체 및 요실금에 잘 맞음 Pitta myrrh가 하체에 도움 frankincense는 상체에 잘 맞음

- pitta, pitta-kapha : myrrh or cypress ,tea tree 주의: 가려움증

- pitta-kapha : 요실금 + 가려움증=lemon chamomile 모든 체질 요실금 : cypress

- vata-kapha, vata : cypress, lemon ,lavender

- 생리가 안 나올 때 : O-ring 열리는 쪽에 (손바닥) 난소 point - lemon, cypress, myrrh

  (허리 부위에 clary sage)

- 신장의 맹위, 곡천, 음곡, 음릉에 - rosemary, majoram, fennel

- V-V : fennel, claysage가 좋다.

- V-K : chamomile, lavender를 쓴다.

- P-V : sandalwood, juniper

- 심장에 사용하면 좋은 오일 : cypress, orange, ylang ylang, graperfruit

BEAUTYTHERAPY 5

밤부테라피

PART 5

밤부테라피

1. Bamboo Massage의 정의

1) 정의

다양한 길이의 대나무 막대로 심부 조직에 행해지는 테크닉이며 중국 마사지, 일본의 시아츄, 태국의 타이 마사지, 독일의 림프 드레니지, 인도의 아유르베다 등의 기술이 접목되고 있다.

대나무와 허브를 이용한 전통적인 마사지를 중심으로 Esthetic 프로그램과 연결하여 최신 이국적 트리트먼트로 유럽 등 최상급 Day Spa에 적용되고 있으며 well-Being을 통해 온열 요법과 필수 오일을 접목하여 시행되고 있다.

2. Bamboo Massage의 역사

근원지 : 동남아시아

대나무는 60~120년 사이에 꽃을 한 번 피움.

- 한국 : 고려시대부터 시·문화 공예품 등에서 등장. 선조들의 사랑으로 대나무의 높은 품격과 아름다움을 가졌으며 실용성 예술 분야의 주된 소재로 지조·절개·영원·푸

름·맑음을 상징한다.

- 중국(추), 일본(타케) : 전통적으로 활력, 풍요, 번영, 장수의 상징이다.
- 인도, 인도네시아 : 결혼 의식으로 대나무 구조물 안에 들어가는 성스러움의 절차를 거치기도 하였으며 종교의식이나 숭배의 물질로도 사용했다.

3. Bamboo Massage와 5원소를 통한 체질별 증상 설명

- 5요소 : 지-수-화-풍-공
- 오원소의 증상

몸 안의 오원소의 불균형은 여러 가지 증세나 문제를 야기한다. 그 이유는 오원소의 각기 다른 특성 때문이다. 이것을 이해하려면 10가지 쌍으로 이루어진 구나의 이해가 필요하다. 예를 들어 피부가 건조하면 그 반대의 속성인 유성(油性)으로 치료한다. 피타 증후의 뜨거운 타입인 경우에는 차가운 카파의 속성으로 치료하면 된다.

오원소 증후는 의학적 불균형이나 질병을 설명하는 증상이다.

1) 화(火) 원소

- 과잉 시 : 과잉 항진, 과산증, 고혈압, 붉은 피부, 피부의 가려움, 관절이나 조직에 염증, 과도한 땀, 고열, 소변이 노랗게 되고, 심하게 목이 마른다.
- 부족 시 : 피부가 차지고 창백해진다. 소화가 잘 안 되고, 영양의 흡수가 잘 안 된다. 몸 안에 아마가 축적된다.

2) 지(地) 원소

- 과잉 시 : 차지고 굳어지며, 무겁고 순환이 잘 안 된다. 울혈이 되어 체액의 흐름이 잘 안 된다. 식욕이 없고, 게을러지고, 팔다리가 무거워진다. 관절이 굳어지고 순환이 잘 안 된다. 잠을 많이 자게 되고 구역질도 생긴다. 이것은 카파가 많아져 생긴 불균형이다.
- 부족 시 : 근육의 긴장도가 약하고, 뼈에 칼슘이 부족해지고 약해진다. 전체적으로 몸의 구조가 약해진다. 이 상태는 바타가 악화된 상태와 같은 상태이다.

3) 풍(風) 원소

- 과잉 시 : 피부의 과도한 건조 상태, 조직이나 관절의 뻣뻣함, 바람에 과민한 반응을 보이고, 혈액 속에 습기가 부족해서 순환이 불량해진다. 복강 안에 가스가 차고 변비, 두려움, 불면증, 근육이 경련, 통증, 요통, 마른기침 등이 생기게 된다.
- 부족 시 : 프라나의 부족으로 기가 부족해진다. 물에 잠긴 것과 같이 되고, 울혈이 일어난다. 마치 카파가 과도해진 것 같은 불균형 상태와 같아진다.

4) 수(水) 원소

- 과잉 시 : 조직이나 관절에 물이 정체되고, 팔다리가 무겁고, 침 분비가 많아지고, 점액의 증가로 기침이 생기고 림프선들이 붓고, 관절이 붓는다. 몸에 열도 없어 냉해지게 된다.
- 부족 시 : 바타 과잉 시와 비슷한 증세가 생긴다.

5) 공(空) 원소

- 과잉 시 : 피타와 관계된 증세를 보인다. 과다해지면 간에 영향을 주고 입안에 쓴맛을 나게 한다. 또한, 분노, 결막염, 쓸개즙을 토해내고, 항문에 불타는 듯한 설사를 일으키는 것이 과다한 에테르의 영향 때문이다.
- 부족 시 : 간 안에 에너지 또는 에테르의 부족 시는 담즙의 부족을 일으키고 소화에도 문제를 일으킨다. 에테르가 차고 건조한 속성이 있어 바타의 이상과 같은 증세를 나타낸다.

Ayurveda에 따르면, 흙 분자들은 의식의 결정체인 것이다. 신체에서 모든 고체 구조는 딱딱하고 견고하며 압축이 된 조직으로 흙에서 나온 것이다. (뼈, 연골, 손톱, 머리, 피부)세포에도 세포막은 흙이며 세포의 vacuoles는 공간이고, 세포질은 물이며, 세포의 핵산과 모든 화학 성분은 불이고, 세포의 움직임은 공기이다. 이들 5개의 요소는 모두 인간의 세포에 있다. Ayurveda에 따르면, 남자는 보편적인 의식의 창조물이다. 우주에서 존재하는 macrocosm이 우주에 있으면, 같은 것이 인체에 존재한다. 인간은 자연의 축소판이다.

4. Bamboo Massage 도구

5. Bamboo Massage와 근육

- 외부층 : 심층근육.
- 신경근을 자극, 혈액 운반구를 상승시켜 노폐물 배출과 에너지 물질들의 순환을 원
활하게 한다.
- 심부 조직 완화.

6. Bamboo Massage 목적 및 효과

관리사의 손과 손가락의 스트레스와 긴장을 줄이고 심도 깊은 투과성 조작이 가능
하다.

1) 목적 : 심부 조직 완화, 조직세포 릴렉스

• 혈액순환

- 신체 에너지 흐름 원활
- 감각신경 지각
- 림프 드레니지 효과 상승
- 긴장 완화
- 만성적 통증
- 근육과 관절 통증
- 심리적 정신적 상태 균형
- 장기의 문제 완화
- 차크라, 경락, 발반사

2) 효과 : 물리 치유 효능

- 산소 공급
- 신체 에너지 흐름 원활
- 감각신경 정상화
- 만성 질병
- 근육과 관절통증
- 스트레스 제거
- 호흡기 장애 효과
- 장기 기능 저하 예방 및 정상화(회춘)

7. Bamboo Massage의 금지 사항

- 신경계 이상
- 심장질환, 임신, 정맥류성 정맥, 심부정맥혈전증
- 면역계 기능 저하
- 화학 용법 & 방사선 요법
- 피부암, 습진, 사마귀, 여드름, 화상, 건선
- 수술 직후 골절

8. Bamboo Massage를 이용한 보디관리 실제

1) 등관리 Bamboo Massage

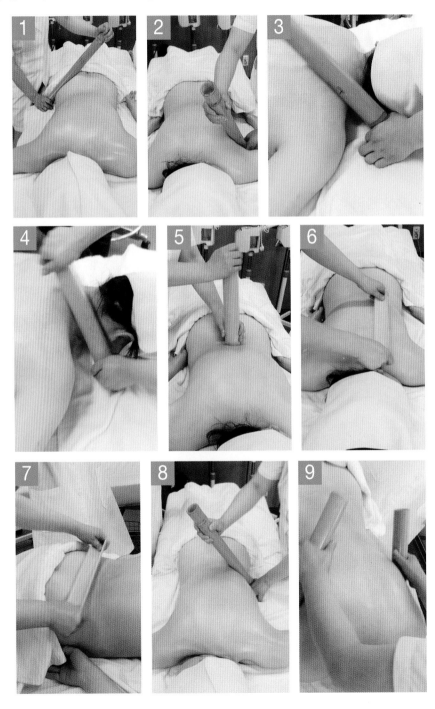

1) 브러시로 먼저 아래에서 위로 천천히 쓸기.

2) (풀 몬티 뱀부) 아래서 위로 3등분해서 등 전체를 쓸어올려 준다.

3) 관리사가 서 있는 쪽에서 다시 아래서 위로 3등분해서 전체를 쓸어올려 준다.

4) 엉덩이 부분 장골능 부분을 관리해 준다.

5) 대둔근, 중둔근, 소둔근, 전체를 사선 방향으로 자극해 준다.

6) 관리 부위 전체를 바이브레이션을 해준다.

7) 허리 부분부터 반원을 그리면서 액와로 와서 림프를 배농한다.

8) 반대쪽도 3번 동작부터 5번까지 같은 방법으로 관리해 준다.

9) 목 부분은 리틀 뱀부를 이용하여 경추(목) 부분을 부드럽게 관리해 준다.

10) 팔 부분을 풀 몬티로 관리하고, 팔은 손끝에서 액와로 밀어준다.

11) 팔 전체 감싸면서 바이브레이션

12) 어깨에 풀 몬티를 세워서 관리해 준다.

13) 견갑골을 지그재그로 자극하며 관리한다.

14) 풀 몬티를 세워서 옆구리를 아래에서 위로 굴리며 밀어준다.
15) 액와로 모아준다는 느낌으로 넓게 관리해 준다.
16) 풀 몬티를 세워서 대둔근 부위를 뱀부를 세워서 중둔근, 소둔근 환도혈 등을 부위별로 자극해 준다.
17) 풀 몬티를 세워서 한도 부분을 누른 상태로 고정시킨 후 여러 번 자극해 준다.
18) 하프 몬티로 견갑골 라인과 기립근을 관리한다.
19) 관리사의 팔을 이용해서 두 팔로 스트레칭해 준다.
20) 마지막으로 두 개의 하프 몬티로 등과 팔에서부터 액와로 배농 관리한다.

2) 다리 후면관리 Bamboo Massage

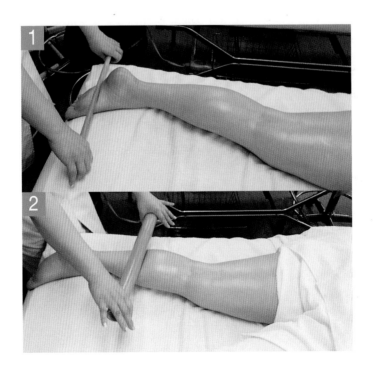

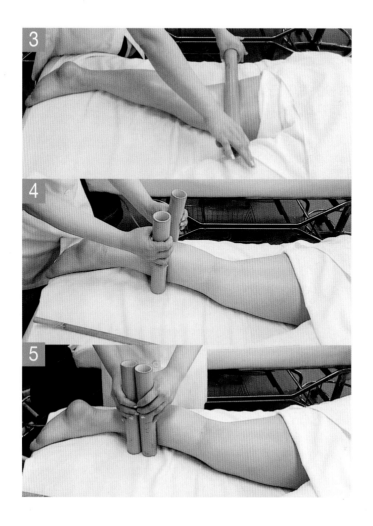

1) 슬림 몬티로 발바닥을 밀어준다.

2) 풀 몬티로 발바닥부터 엉덩이까지 깊게 위로 밀어 쓸어올려 준다.
   (심장 방향으로 에플라지 동작) 밀어줄 때는 다리 바깥쪽 중간 안쪽을, 엉덩이
   대둔근 중둔근 소둔근을 세심하게 관리한다.

3) 1번 2번 동작을 다시 반복하는데, 위아래로 같은 힘으로 부분-부분 겹쳐서
   쓸어올려 준다. (프릭션)

4) 근육의 결 방향을 생각하면서 종아리 승산혈에서 지압하면서 비복근을
   풀어준다.

5) 슬와근 부분에서는 부드럽게 지나가듯 풀 몬티를 이동하면서 관리한다.
6) 허벅지 부위도 프릭션(priction)으로 골고루 3등분해서 밀어주고 은문혈에서 3번 자극을 해주고 승부혈에서도 엉덩이를 밀어 올려주듯이 자극해 준다.
7) 엉덩이 부위도 쓸어올려 주면서 4등분해서 한 쪽은 받침대처럼 지지하고 한 쪽은 움직이며 장골능 부분까지 지압해 준다.
8) 풀 몬티로 자극한 후 그대로 쓸고 내려온다.
9) 리틀 맨틀로 발바닥 포인트 누른다. (발바닥 7군데 차크라)
10) 발목부터 엉덩이 장골능까지 바이브레이션으로 골고루 해준다.
11) (하프 몬티로) 두 개를 붙여서 안쪽부터 천천히 강하게 쓸어올려 준다. 바깥쪽도 마찬가지로 쭉쭉 올려준다.
12) 한 손씩 몬티를 잡고 종아리를 싸고 허벅지까지 옆 타고 올라가서 그대로 쭉 내려온다.
13) 풀 몬티로 아킬레스건부터 시작해 다리 안쪽 부분을 반원을 그려서 림프 배농을 해준다.

3) 다리 앞면관리 Bamboo Massaage

1) 다리 앞쪽 → 안쪽 → 바깥쪽 → 하프 몬티 둥근 부분을 아래로 하고 아래에서 위로 여러 번 관리해 준다.
2) 풀 몬티로 두 다리 세워서 비복근과 햄스트링근 부위를 관리한다.
3) 발바닥을 리틀 몬티로 강한 압력으로 가로로, 양쪽 사선으로 마사지 해준다.
4) 발바닥의 척추 부분을 쓸어준다.

5) 발등을 우선 손으로 먼저, 그리고 리틀 몬티로 관리한다.

6) 등과 같이 팔을 이용하여 스트레칭해준다.

4) 복부관리 Bamboo Massage

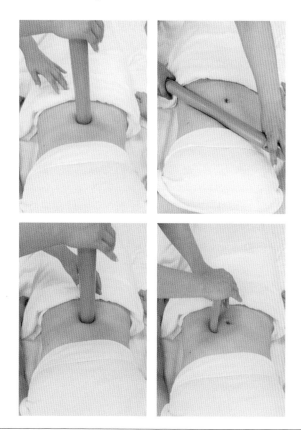

1) 넓은 맨틀을 이용하여 직각으로 위로 올려주는데 가슴 끝까지 배 전체를 밀어 올리면서 옆구리를 할 때는 액와까지 밀어 올려준다.

2) 맨틀을 가로로 놓고 배를 반씩 나눠서 부드럽게 대나무 끝을 조심하면서 가볍게 쓸어내려 준다.

3) 풀 몬티로 하복부 부위와 골반을 이완시켜줄 수 있도록 밀어준다는 느낌으로 뱀부를 굴리면서 관리해 준다.

4) 늑골(전거근) 부위는 페트리사지 동작으로 늑골을 조심하면서 근육 부분을 부드럽게 자극하여 이완시킨다.

5) 왼쪽 하복부 부분으로 내려와 패트리사지로 깊숙이 이완시키고 에플라지로 쓸어준다.

6) 복부 전체를 바이브레이션 해준다.

7) 가슴을 제외한 흉부 부위을 8자 모양으로 에플라지한다.

8) 대둔근 부위부터 시작해서 크게 회전을 하면서 사선 방향으로 자극해 주고 깊숙이 자극해 준다.

9) 작은 반원 모양으로 액와까지 림프 배농을 해준다.

10) 반대쪽으로 이동하여 12번 동작과 13번 동작을 실시한다.

11) 하프 몬티로 내복사근과 외복사근을 쓸어주는데 외복사근의 움푹 들어가는 부분은 깊숙이 들어가면서 세 번은 근육결에 따라서 부드럽게 하고 세 번씩 깊숙이 관리한다.

12) 하프 몬티로 복직근 관리한다.

13) 풀 몬티로 복횡근은 사선으로 쓸어준다.

14) 바이브레이션하고 액와까지 림프 배농으로 마무리한다.

5) 안면관리 Bamboo Massage

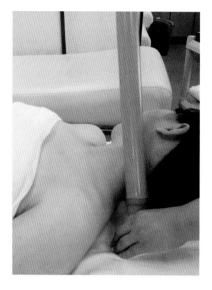 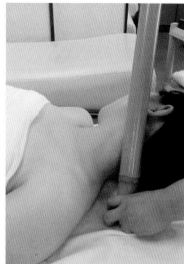

1) 풀 몬티를 세워서 어깨 부위에서 목 부위까지 프릭션테그닉 모양으로 돌려준다.
2) 차크라 6, 7. 백회부터 머리 앞쪽까지 자극해 준다.
3) 인당 자극 눈썹 부분까지 자극하면서 스트레칭하고 관골, 승장(수구) 자극 후 귀 부분 쓰다듬기를 시행한다.
4) 얼굴 전체를 지나면서 머리까지 끌어올려 밖으로 털어내는 듯한 동작을 시행한다.
5) 쇄골 밑 부분을 자극해 준다. (심장, 간 순환)
6) 임맥의 경락을 자극해 주면서 부정적 기운을 위로 빼준다.
7) 오일 또는 moisturizer 사용한다.
8) 데콜테부터 쓸어준다.
9) 작은 스틱(맨틀)으로 흉쇄유돌근을 풀어준다. (데콜테−팔까지) 림프선을 따라 관리한다.

10) 양쪽으로 흉쇄유돌근, 턱선, 관골, 이마 순으로 관리한 후 다시 내려간다.
11) 이마 부위에서 맨틀을 이용하여 위로 쓸어준다.
12) 관골을 타고 옆으로 쓸어 림프로 끌어내린다.
13) 풀 몬티로 뒷목 부위를 이완시키듯 부드럽게 관리해 준다.
14) 풀 몬티를 세워서 어깨와 목을 이어서 관리해 준다.
15) 목 부위 스트레칭 후 좌우로 흔들어준다.
16) 두피를 가운데서 양쪽으로 쓸어준다.
17) 손을 이용하여 얼굴을 쓰다듬는다.
18) 5분 정도 릴렉싱 타임을 갖고 마무리한다.

BEAUTYTHERAPY 6

스파테라피

PART 6

스파테라피

수 세기에 걸쳐 피부미용 및 신체의 건강이 모든 인간의 염원이자 관심의 대상이 되어 왔고, 물을 이용한 건강법인 스파(Spa)의 역사는 실로 오래되었다. 최근 들어 빠른 속도로 건강에 대한 관심을 모으기 시작해서 오늘날의 스파는 건강한 라이프 스타일을 요구하는 사람들에게 휴식이며 자연 요법과 건강관리, 예방을 목표를 한다.

1. 스파(SPA)의 정의 및 개념

스파(SPA)는 벨기에의 남동부 리게 근처의 한 작은 온천 마을 '스파우(Spau)'에서 비롯됐으며, 라틴어 'salus per aqua'로 서구에서는 수천 년 동안 '물을 이용한 질병 치료'라는 뜻으로 쓰였다. 또한, 벨기에(1326년)의 한 광천명이 왈룬어로 '샘'이라는 뜻을 가진 'Espa'라고 불린 것으로 기록되어 있으며, 영국(1596년)에서는 벨기에의 광천과 유사한 광천을 개발하여 치료 목적으로 광천수를 마시게 하는 리조트를 만들었다. 또한, 'The English Spa'라고 명명함으로써 'Spa'가 처음으로 특정 리조트 이름으로 사용되기 시작된 것으로 알려지고 있다.

스파는 물의 온도, 부력, 압력을 이용하여 인체를 자극, 혈액순환, 스트레스 해소, 질병 예방과 치료, 건강 증진을 목적으로 목욕, 미용 시설 및 심신 안정을 위한 시설 등을 총칭하는 의미이다.

〈물의 특성〉

1. 관성의 법칙

관성은 외부로 작용하는 힘이 없으면 정지해 있는 물제는 지속적으로 정지 상태를 유지하고 있으며, 운동하고 있는 물체는 등속 직선 운동을 계속하려고 한다.
수중 운동에서는 운동에 대한 저항을 지속적으로 만들어 준다.

2. 가속도의 법칙

물체에 힘이 작용하면 힘의 방향으로 가속도가 생기고 가속도의 크기는 물체에 작용하는 힘의 크기에 비례하여 물체의 질량(수중에서는 면적)에 반비례한다.
수중에서는 물의 점성과 저항이 있기 때문에 더 큰 힘을 사용함으로써 근육군에 도움이 된다.

3. 작용 반작용의 법칙

물체와 물체 사이에는 같은 힘의 작용이 생긴다.
작용도 크고 반작용도 크다.
물속에서 모든 움직임은 힘의 방향에 수직으로 반작용이 일어난다. (저항)

2. 스파의 역사

물에 의한 치료의 역사는 전 세계의 고대 문명까지 거슬러 올라간다.

고대 이집트인, 아시아인 및 이슬람교도들은 광천수를 치료 목적으로 사용하였고, 기원전 2,400년경 프로토 인디언(Proto-Indian) 문화는 물 치료를 위한 위생적 시설을 만들었다는 기록이 전해진다. 일본인, 중국인, 그리스인 및 로마인들은 육체의 피로 회복, 부상이나 상처의 빠른 치유, 우울증 치료, 혹은 체력 향상을 위하여 따뜻한 목욕을 치료 요법으로 이용하였다는 기록이 있다.

1950년대에 각종 질병 치료에 물을 사용하는 것이 효과적이라는 점에 관심을 두기 시작하였다. 1960년대부터는 유럽을 중심으로 특정 질병의 치료와 건강 증진을 위해 하이드로테라피를 본격적으로 발전하기 시작했다. 1990년대에 미국에서 스파를 병원에 도입하여 질병을 치료하며, 2000년대는 뉴욕을 중심으로 메디컬 스파가 활성화되어 다양하게 적용되고 있다.

3. 스파의 효과

스파는 수천 개의 기포에 의한 보디 마사지를 말하며 부드럽게 또는 힘 있게 뿜어나오는 물이 혈액순환을 자극하는 방법이다.

1) 면역관리

체열 상승을 통해 규칙적인 독소 배출이 되며 백혈구의 활발한 활동이 이루어져 면역 강화작용을 가지고 온다. 면역 강화로 피부의 습도 유지, 외부 자극 물질로부터 보호의 효과를 가지며 간접적으로 좋은 환경적 영향으로 긴장 완화에 좋다.

2) 혈액순환 촉진

혈관 확장을 시켜 혈액순환을 원활하게 하여 근육 세포에 고여 있는 노폐물을 배출하고 영양이 부족한 세포에 산소와 영양분을 신속하게 많이 공급함으로써 치료를 촉진시킨다.

3) 통증 경감

혈압을 낮추고 손상된 조직세포의 치료와 통증을 감소, 신장과 다른 기관의 긴장을 완화시켜 준다.

3) 스트레스

현대인들의 마음의 질병으로 스트레스에 항상 노출되어 있다. 인체에서 나오는 엔돌핀(자연적 치료 물질)을 따뜻한 물리 치료법에 의해 생성되도록 증명되었다. 자극 영양소가 손상된 세포에 피의 흐름이 부족한 것을 채워주고 나쁜 물질을 없애줌으로써 치료한다.

4) 비만관리

림프 순환과 모세혈관 순환의 증진으로 신진대사의 증가가 나타나 체중 감소에 효과를 가져 온다.

5) 피부관리

신진대사를 촉진시켜 호르몬의 분비를 원활하게 하고, 특히 여성은 피부를 희게 하며, 피하지방도 균등하게 퍼져서 신선하고 부드러운 피부를 유지시켜 준다. 피부 건강과 재생, 노화 방지, 건강한 피부의 아름다움을 만든다.

4. 스파의 종류

1) 스파의 유형별 종류

(1) 목적에 따른 분류

① 홀리스틱 스파(Holistic Spa)

웰니스(Wellness-예방 차원의 건강관리)를 목표로 단순히 욕조 문화만을 의미하는 것이 아닌 오감 요법과 자연 요법을 적용함으로 몸과 마음, 영혼까지 최적의 상태로 회복시켜 신체의 정상 기능을 개선시켜 주는 방법으로 대체의학적인 치료 방법과 개별 영양 상태와 식단 부분까지 맞추어 제공하는 종합 테라피 센터라 할 수 있다.

② 메디컬 스파(Medical Spa)

환자 개개인에 맞추어 의사의 처방에 따라 메디컬 서비스와 스파 서비스를 함께 제공한다. 장소는 병원이지만 호텔 같은 편안함을 주며, 웰니스 케어 목적으로 환자를 맞이하는 곳이라 할 수 있다.

③ 데이 스파(Day Spa)

주로 도심에 위치하고 있으며 당일 기준으로 고객에 일정한 시간을 정하여 다양한 스파 서비스를 제공한다. 일반적으로 광범위한 개념의 기본적 스파라고 할 수 있다. 바쁘고 지친 직장인들에게 마치 휴양지에 와 있는 듯한 여유를 맛볼 수 있으며 미용, 피로 회복 및 휴식을 위한 테라피나 마사지 서비스를 제공한다.

(2) 장소에 따른 스파

① 리조트/호텔 스파(Resort/Hotel Spa)

리조트/호텔 내부에 있는 스파로 스파 서비스, 피트니스, 건강관리 프로그램 및 건강식이 제공된다. 휴가를 보내면서 재미와 휴식을 경험할 수 있는 곳이다. 이용 고객은 투숙객뿐만 아니라 외부에서 회원권을 이용하거나 1회 이용도 가능하다.

② 클럽 스파(Club Spa)

기존의 피트니스 클럽과 비슷하지만, 다양한 스파 시설을 이용하며 재미와 수중 치료의 효과를 더욱 높일 수 있는 곳을 의미한다. 또한, 스포츠 마사지, 페이셜·보디 관리, 개인적인 트레이닝 및 영양, 피트니스 교육을 제공하는 곳이다.

③ 크루즈 스파(Cruise ship Spa)

크루즈 내에 있는 것으로 스파 서비스 외에 휘트니스, 건강관리, 건강식을 제공한다.

④ 체류 스파(Destination Spa)

한 장소에서 일정 기간 투숙하면서 고객의 라이프 스타일 개선과 건강 증진을 위해 건강관리, 신체적 피트니스, 교육 프로그램, 명상, 건강식 등의 스파 서비스를 제공한다.

⑤ 미네랄, 온천 스파(Mineral, Hot spring Spa)

천연 광물 성분이 들어간 온천 또는 해수가 제공된 스파로서 하이드로 테라피를 중심으로 제공된다. 오래전부터 온천수를 병을 낫는 물로 생각하며 휴양을 보내기도 했다.

2) 스파 프로그램 종류

스파 프로그램은 다양하며, 효과 면을 고려하여 스파 시설에 각기 고유한 프로그램을 적용하고 있으나 궁극적 형태는 크게 마사지와 트리트먼트, 테라피의 세 가지 유형으로 볼 수 있다. 그 외에 스파 건강식, 미용 관련 프로그램들도 있다.

(1) 마사지(Massage)

마사지란 그리스어로 '반죽하다, 쓰다듬다'라는 의미를 가진 'masso', 'massein' 에서 유래하였고, 문지르고(rubbing), 꼬집고(pincing), 주무르고(kneading), 두드리는(tapping) 등의 신체적 조작(Physical manipulation)으로 신진대사를 높이고, 흡수력을 증가시키며, 통증을 해소하는 등 신체적, 정신적 효과를 낸다.

최근 마사지가 단순히 좋게 하는 것이 아니라 통증 완화 및 불편함, 근육 경련, 스트레스 등을 예방하기 위하여 인체의 연 조직(soft tissue) 구조를 조작하는 것을 포함하여 과학적인 여러 가지 효과와 더불어 신체의 작용을 상승시켜 본질적인 건강 증진을 한다. 현대 스파에서 사용되고 있는 마사지들을 살펴보면 8가지로 나눌 수 있다.

① 스웨디시 마사지(Swedish massage)

1812년 스웨덴 체육학자인 Per Henrik Ling에 의해 개발된 기법으로, 기본이 되는 마사지이다. 인체의 각 부분은 개별 근육을 두드리고, 반죽하고, 마찰하고, 쓰다듬는 동작으로 마사지함으로써 신경계가 자극된다. 또한, 피부에 유익한 천연 마사지 오일이 사용하여 마찰을 감소시킴으로써 부드럽고 미끄러지듯이 시술한다. 마사지에 소요되는 시간은 통상적으로 전신일 경우 한 시간을 넘지 않으며 마사지 전열 팩, 사우나, 입욕, 또는 더운물 샤워를 권장한다.

② 딥 티슈 마사지(Deep tissue massage)

이전의 외상 또는 상해로부터 긴장된 내부 근육을 풀어주는 기능을 하며, 근육 조직들을 연결하는 얇은 층인 근막을 자극하기 때문에 아픈 경우도 있다.

③ 림프 드레니지(Lymphatic drainage)

1930년대 덴마크의 생물학자이며, 마사지사인 에밀 보더(Emil Vodder)에 의해 최초로 창안된 후, 1957년 비엔나 시데스코(CIDESCO) 세계대회에서 피부관리사들에게 소개되어 대중화되기 시작하였다. 이 기법은 리드미컬한 펌핑 동작이 주요 동작을 이루어져 림프 액의 이동을 촉진하여 노폐물을 해독시키고 제거해 주는 효과가 있다. 에스테틱에서 건강한 피부에 시행하여 피부의 여러 가지 문제점 해결에 도움을 주며, 병원 피부관리에서는 성형 후 부종 등에 활용되고 있다.

④ 지압 요법(acupressure)

중국에서 5,000년 이전부터 의학적인 치료로서 행해지던 침술학으로 약 20여 년 전부터 서양에서 대체의학으로 받아들여졌다. 이는 에너지의 원동력인 '기'가 인체의 각 기관과 결부되어 있는 12경혈을 따라 신체에 흐른다는 이론에 기본을 두고, 지압점인 신체의 특수한 부위를 자극하여, 기의 에너지를 촉진시키는데 이용되어 신체의 통증과 긴장을 해소한다. 이러한 지압 요법 및 테크닉은 얼굴과 보디 마사지, 두피 마사지 이용되는 등 숙련된 시술자에 의해 행해졌을 경우에는 긍정적인 효과를 낸다.

⑤ 반사 요법(Reflexology)

중국에서 지압 요법의 한 종류로 이용되어 오다가, 1931년 Dr.William Fitzeral에 의해 zone therapy로 시행되어 왔으며, 1960~70년대에 들어 본격적인 반사 요법으로 행해지게 되었다. 이는 마음, 신체, 정신 세 가지를 조화시키도록 하는 전체론적(holistic) 의학으로 손과 발, 혀 등의 부위를 마사지하는 것이다. 미국의 Doreen Bayly에 의해 발이 가장 효과적인 부위라는 것이 밝혀졌다.

반사 요법은 인체를 통하는 모든 에너지 통로는 발에 모이며 발의 특정 반사점이 인체의 각 기관에 대응한다는 이론에 근거하여, 발의 특정 반사점이 가함으로써 반사 반응을 야기하는 충격이 전달되어 인체의 기관들이 자극되어 그 기능이 원활해진다. 반사 요법은 발관리에 가장 잘 적용되어 행해지며, 손과 다리의 마사지에도 이러한 반사 요법의 테크닉을 포함하게 된다.

⑥ 시아추(Shiatsu)

중국의 침술 요법과 일본의 이완 마사지인 안마, 현대적인 물리 요법과 척추교정 요법의 스트레칭과 동작들이 접목되어 있다. 만성적인 상해나 스트레스와 관련된 질병들을 포함하여 여러 종류의 급성 만성적인 건강 문제들을 경감시키는데 효능이 있다.

⑦ 스포츠 마사지(Sports massage)

활동적인 사람들을 위해 시술되며 매우 깊게 침투되는 마사지이다. 고객이 참여하는 활동이 무엇이든(조깅, 테니스, 수영, 사이클, 골프, 승마, 스키 등) 이러한 유형의 마사지는 유익할 수 있다.

⑧ 시그니처 마사지(Signature massage)

특정 스파에서만 시행하는 독특한 관리이다. 스파는 자기들만의 시그니처 메뉴를 강화하기 위해 지역 제품들을 사용한다. 시그니처 트리트먼트로 산의 야생화, 사막의 선인장, 크리스털 요법, 아메리칸 인디언들의 의식에 사용되는 세이지, 아시아인들이 애용하는 녹차 등으로 설계되며, 스파가 해변 가에 있으면 딸라소테라피와 페이셜 트리트먼트를 제공할 가능성이 높다.

(2) 트리트먼트(Treatment)

① 페이셜 트리트먼트(Facial treatment)

모든 스파는 페이셜 트리트먼트를 제공하며, 피부를 청결하게 유지하고 보습을 주며 각질을 제거하여 새로운 세포가 적절히 성장하도록 도와주어 건강한 피부를 유지시켜 준다.

페이셜 트리트먼트를 시작하기 전에 일반적인 건강 상태, 피부 상태 및 일상의 피부관리 방법 등에 관해 피부관리사와 상의 해보며, 어떤 종류의 페이셜 트리트먼트가 가장 효과적인지 결정할 수 있게 될 것이다. 또한, 피부를 위해 올바른 제품을 사용하고 있는지 아는 것을 포함하여 피부관리에 관해 더 알아보는 것이 좋을 것이다.

페이셜 트리트먼트에는 몇 가지 기본적인 절차가 있으며 다음과 같다.

화장품과 기기나 도구 등을 사용하여 클렌징, 각질 제거 또는 필링, 마사지, 팩 또는 마스크, 보습 및 보호를 위한 마무리 단계로 진행된다.

② 보디 트리트먼트(Body treatment)

보디 랩은 젖은 뜨거운 린넨 천으로 둘러싼 후 마일라 또는 면담요로 덮는 방법이다. 랩은 간단하게 약초 물에 담근 시트나 미네랄 머드 또는 딸라소테라피 마스크 등을 사용할 수 있으며, 체온이 너무 올라가지 않도록 하기 위해 시원한 타월로 고객의 이마를 둘러싸야 한다. 경우에 따라 관리는 두피 또는 페이스 마사지나 짧은 반사 요법을 포함한다. 고객은 랩으로 둘러싸인 상태에서 20분 정도 있게 되는데, 밀실 공포증이 있을 시 랩은 피해야 하며, 랩이 괜찮으나 그래도 약간 우려가 되는 고객의 경우 팔을 랩 밖으로 나오게 하는 것이 일반적인 방법이다. 허브와 소금 또는 스크럽 전용 제품을 사용하여 손이나 버핑 클로스를 이용해 고객의 피부를 문질러 그런 다음 보습제를 사용하여 가볍게 마사지한다. 이러한 관리는 루파 목욕 또는 솔트 글로우 한다. 또한, 브러시와 토닝은 각질을 제거하기 위해 몸 전체를 드라이 브러싱하는 이 요법은 드라이 브러시 관리로도 불린다. 관리사는 부드러운 루파, 특수 브러시 또는 거친 천을 사용하여 피부의 상층부를 가볍게 문질러 묵은 각질을 제거한다. 이 관리는 대개 보디 마스크, 또는 비시 샤워 전 단계에 실시된다.

(3) 테라피(Therapy)

① 아로마테라피(Aromatherapy)

스파에서는 목욕법과 마사지법, 흡입법을 주로 이용한다. 목욕법으로는 배스 튜브에 선택한 에센셜 오일을 적당량 떨어뜨려 사용하는데, 물에 희석된 오일이 피부를 통해 흡수되기도 하고 확산된 오일이 코를 통해 흡입되기도 한다.

아로마테라피 마사지는 거의 모든 스파에서 선택되고 있는 방법으로 아로마테라피 중 가장 이완 효과가 크며 보디 마사지와 페이셜 마사지, 두피 마사지로 구분한다. 몸과 마음을 자극하기 위하여 마사지 기법과 효과적인 에센셜 오일을 선택적으로 사용하며, 여기에 사용되는 오일은 두세 가지를 혼합하여 시너지 효과의 오일로 활용된다.

② 허브테라피(Herbtherapy)

허브란 푸른 풀을 의미하는 라틴어 허바(herba)가 어원이다. 향과 약초라는 뜻으로 써 오다가 BC 4세기경 그리스 학자인 테오프라스토스가 식물을 교목, 관목, 초본 등으로 나누면서 처음으로 '허브'라는 말을 사용하게 되었다.

허브 티란, 식물의 꽃과 잎을 이용한 차를 말한다. 심신 진정, 긴장 완화, 밸런스를 조절하는 작용 등이 있고, 강장작용과 피로 회복에 효과가 크며, 수면 유도, 이뇨 효과도 있어 건강과 아름다움에 기여하게 된다.

허브 아이 필로우는 허브로 만들어져 눈에 얹고 휴식을 취하거나 자면 향기로 정신을 릴렉싱시키는 효과가 있어 스트레스와 긴장을 풀어주어 평안하게 유지해 주고, 머리를 맑게 해주어 정신 집중에 도움을 준다.

허브 볼 마사지는 여러 가지 허브를 천에 싸놓은 볼을 사용하는 방법으로 인체를 치료하는 경우 허브 볼을 뜨겁게 증기로 쪄서 전신을 눌러주며 마사지를 한다. 스트레스 해소와 혈액순환 촉진, 경혈점 활성화, 경직된 근육의 부드러운 이완, 피부 호흡 활성화 등의 효과를 준다.

허브 입욕은 향기로운 허브를 이용한 입욕법으로 청결 유지뿐 아니라 허브가 갖는 효능이 피부로 흡수되어 혈액순환을 촉진 및 교감신경에도 작용하여 긴장을 풀어주며 편안한 휴식을 제공해 준다.

③ 하이드로테라피(Hydrotherapy)

하이드로테라피가 인체에 효과를 내는 원리는 물의 정수압과 동수압의 역학적 작용이다.

정수압(Hydrostatic Pressure)의 작용은 몸을 욕조에 담그면 욕조 안의 수면에 비례하여 몸의 표면에는 욕조의 물에 의한 압력이 가해진다. 정수압의 유익성으로는 혈장 증가, 호흡근의 항진, 혈액순환 개선, 부종 감소가 있다.

물의 온도 차이에 따라 신체에 자극을 주는 효과와 진정 효과, 강장 효과, 이뇨 효과, 해열 효과, 발열 효과 등을 얻을 수 있다. 특히, 강장 효과를 얻기 위해서는 냉수를 이용하는 것이 좋으며, 근육의 이완작용을 원할 때에는 고온수 스파를 하는 것이 좋으며, 고온의 물과 찬물을 교대로 이용하면 혈액과 림프 순환을 촉진시킨다.

> Hydro massge
> - 물속에서 받는 Massage의 효능
>   순환계(심장, 혈관), 소화기계, 호흡기계, 림프계, 면역계, 비뇨기, 피부, 근육계, 골격, 신경계, 정신

④ 딸라소테라피(Thalassotherapy)

1896년 프랑스 학자에 의해 개발된 딸라소테라피는 그리스어로 해양과 치유법이 합쳐진 복합어로 1961년 6월 프랑스의 딸라소테라피 학회에서는 "해수, 해니, 해양성 공기와 해양성 기후의 치료적 특성이 혼합되어 테라피 요소의 장점을 이룬 것의 활용이다."라고 정의하였다.

해수의 각종 미량 원소는 15도의 수온에서 15분 경과 시에 해수의 각종 원소가 피부를 통해 말초혈관에서 흡수된다. 이러한 방법을 최대한 활용하여 건강과 질병 예방, 자연 치유력을 증진시키며, 류머티즘과 신경통에 좋을 뿐만 아니라 체내에 쌓인 독소를 제거하고 노폐물을 배출하며, 신체의 활력소를 주며, 피부 건강에도 도움을 주는 효과가 있다.

딸라소테라피의 적용 형태는 다음과 같다.

전신 해수용은 가열된 바닷물을 넣은 욕조에 몸을 담그는 방법, 해초·머드를 전신에 바르는 방법, 해수를 이용한 랩은 바닷물을 전신 천을 감싸는 방법, 해수를 바다에서 휴양하면서 즐기는 방법과 실내에서 흡입하는 방법이 있다.

⑤ 스톤테라피(Stontherapy)

인체를 구성하는 필수적인 미량원소 29가지의 밸런스(균형)을 잡아주는 유일한 테라피이다. 스톤테라피의 강력한 내적 에너지는 인체의 균형을 잡아주는 밸런스 효과를 가지고 있는 동시에 독소를 원활히 제거하는 세정작용도 갖고 있다.

핫 스톤은 현무암을 이용하여 인체의 원적외선을 방출해 근육 상부 조직과 관절에 온열 효과를 주어 혈액순환을 촉진시키고 세포의 활성에 도움을 주며 근육을 풀어준다.

(4) 뷰티 뉴트리션(Beauty nutrition)

스파에서 제공하는 영양 관리법으로 차, 기능성 음료, 건강 식품의 한 종류인 먹는 화장품, 스파 건강식 등이 있다.

차에는 한방차, 녹차, 허브차 등이 있으며, 가능성 음료에는 의약품, 의약 부외

품 이외의 수분 공급을 중심으로 한 영향 밸런스 드링크가 있다. 먹는 화장품으로
는 비타민 C, 콜라겐 등의 성분을 포함해 내복하는 건강 식품이 포함되며, 스파
건강식에는 스파 후 깨끗하게 건강해진 몸과 마음을 더욱 건강하게 만들어 주기
위해 개인의 건강 상태에 따라 샐러드 뷔페, 제철 과일주스, 담백한 구이, 스튜 등
이 있다.

(5) 기타 스파 프로그램

① 메니큐어와 페티큐어(Manicure & Pedicure)

전체적인 신체관리 및 건강의 일부이며, 가장 일반적인 스파관리일 수 있다.
통상적인 매니큐어와 페디큐어는 표피관리, 손톱 및 발톱 형성, 거친 피부의
상적, 보습, 원하는 경우 광택의 단계를 포함한다. 추가적으로 보습 파라핀
관리, 크림 타입의 마스크관리 등 발 반사 요법 등을 포함할 수 있다.

② 메이크업(Make up)

메이크업 관련된 다양한 서비스를 받을 수 있는 메이크업 스테이션은 베이
스 메이크업의 단계에 사용되는 메이크업 베이스, 파운데이션, 파우더와 아
이 메이크업, 립메이크업에 사용되는 제품들을 제공해 준다.

BEAUTYTHERAPY 7

보석테라피

BEAUTYTHERAPY

PART 7

보석테라피

1. 보석테라피 개요

보석이 지니고 있는 가치와 의의는 시대의 변천과 더불어 변화해 왔음을 알 수 있다. 고대에는 보석의 상징적인 형태나 색깔, 재료가 인간의 수명, 건강, 부, 생식력, 행운, 운명의 보살핌 등에 강력하게 관여한다는 주술적인 측면이 강했다. 오늘날에도 무의식적인 주술적 의식이나 상징적 의미를 무시하지 못하고 보석을 활용하기도 하며 자신을 아름답게 가꾸기 위한 개인의 미의식 표현의 일환으로 다양한 기능을 하면서 발전해 왔다.

2. 보석테라피란?

보석은 예로부터 경이롭고 신성한 물질로 숭배시되어 왔으며 마법용, 치료용, 호신용으로 사용되어 왔다. 고대로부터 인류는 원석을 자연 치료의 도구로써 사용해 왔으며, 중세시대에는 보석을 몸에 지니거나, 문지르거나, 햇빛이나 달빛을 이용하여 정화시켜 사용하였다. 이러한 효과와 체험에 대한 믿음은 서양 의술, 인도의 차크라, 메소포타미아의 신비술에서도 발견되었다. 우리나라의 조선시대 《동의보감》에는 연옥은 오장육부가 윤택해지고 체내 노폐물이 쉽게 배출되어 위장의 열이 제거되므로 소화계통에 효험이 있다 하여 많이 사용하였다고 전해져 오고 있다.

힐데가르트의 의학은 자연에 순응하는 온화한 자연 치료법으로 전인적인 고찰을 근본으로 하였으며, 보석 요법은 식이요법, 단식, 식물성 약재의 사용 등과 함께 사용되었던 자연적 치료법 중의 하나이다.

일반적으로 전해져 오는 보석테라피는 보석 자체에 내재해 있는 에너지를 활용하는 요법으로 보석의 파장을 통해 인체의 기와 혈의 흐름을 도와 강력한 혈액순환작용을 유도한다. 보석을 따뜻한 상태로 피부에 직접 접촉시키거나 문질러 주었을 때 최적의 진동적, 전기적 에너지를 활용할 수 있다. 또한, 보석은 미약 전류, 원적외선 발생으로 신경조직과 세포를 활성화시켜 노폐물 및 독소 배출을 원활하게 하여 다양한 방법으로 적용할 수 있다.

3. 보석 종류에 따른 특징 및 효능

1) 다이아몬드(Diamond)

다이아몬드는 '아마다스(Adamas : 정복하기 어렵다)'라는 어원을 가지고 있는 보석 중에 가장 단단한 보석으로 영원한 보석으로 불리며, 탁월한 강도, 투명한 아름다움, 높은 굴절률과 분산력을 지닌 보석이다. 다이아몬드는 한 가지 원소인 탄소(C)로만 구성된 유일한 보석 광물이며, 지하 150km에서 매우 높은 온도와 압력 조건으로 만들어진다. 다이아몬드는 따뜻한 성분으로 남향에 위치한 산의 흙 속에서 탄생하며, 남아프리카공화국·호주·브라질·러시아·보츠와나·캐나다·인도 등지에서 산출되고 있다.

4월의 탄생석 다이아몬드가 오늘날 약혼, 결혼 반지로 많이 쓰이게 된 계기는 1477년 오스트리아의 막시밀리안 대공이 프랑스 버건디 왕국의 공주에게 청혼의 의미로 다이아몬드 반지를 선물하면서부터다. 고대 이집트인들에 의하면 왼손 약지는 심장으로 바로 통하는 사랑의 혈관을 가지고 있다고 믿었기 때문에 의미 있게 여겨졌다.

• 효능

- 다이아몬드를 입에 물고 있으면 허기, 단식, 금주, 금연 및 약물 중독자의 치료에 효과적이며, 정신이 이상한 사람, 화를 참지 못하는 사람에게도 효과적이다.
- 다이아몬드를 포도주나 물에 하루 동안 담가 두었다가 그 물을 마시면 풍이 사라지고 졸중(후 치료)으로 인한 증상도 호전되며 황달에도 효과적이다.
- 그 외 스트레스, 탈진 방지, 정신 장애, 심신 정화에도 효과적이다.

2) 사파이어(Sapphire)

사파이어는 청색을 의미하는 라틴어인 '사피루스(Sapphirus)'에서 유래되었으며, 청옥(靑玉)이라고도 한다. 인도의 캐슈미르·미얀마·스리랑카·마다가스카르·캄보디아의 파일린·태국 등지에서 산출되고 있다. 사파이어는 따뜻한 보석으로 햇빛이 강하고 그 열기가 대기를 압도하는 정오의 시간에 성장하며 충성심과 믿음, 사랑과 그리움을 의미한다. 고대 페르시아인들은 "지구가 청사파이어로 되어 그 반사 빛에 의해 하늘이 파랗다."라고 생각했으며 히브리인들은 십계명이 사파이어에 새겨졌다고 믿었다. 사파이어에는 전갈의 독에 대한 항독성을 가지고 있으며 입에 넣으면 내장 질환이 치유되고 지혈시키는데도 이용되고 눈병을 치유해 주며 다른 사람의 악의에 찬 눈길을 막아주는 에너지가 있다고 믿었다.

• 효능

- 사파이어를 공복에 입 안에 넣고 그때 생긴 침을 불편한 눈에 바르면 안질, 충혈된 눈, 피로한 눈, 시력 약화에 효과적이다.
- 사파이어를 하루에 여러 번 입에 몇 분간 물고 있으면 통풍, 류머티스성 질환, 두통, 관절통에 효과적이다.
- 공복에 사파이어를 혀 밑에 넣고 따뜻해지면 그 사파이어를 따뜻하게 데워진 포도주 중기에 사파이어를 쐬어 촉촉해지면 그 습기를 빨아서 먹으면 지적 활동의 증진,

학습 부진 등의 문제, 집중력 강화, 기억력 감퇴 및 위장질환 등에 효과적이다.

- 사파이어를 손에 쥐고 있거나 불에 쏘여 따뜻하고 촉촉해질 때 눈을 마사지하면 눈의 피로를 풀리게 하며 맑게 한다.

- 그 외 식욕 부진, 항 류머티즘 등 에너지 파장으로 병의 악화를 방지한다.

3) 수정(Quartz)

고대 그리스인들은 수정이 얼음같이 '투명하다' 하여 'Krystallos'이라 불렀으며 우리나라에서는 수옥(水玉)이라 하였다. 무색은 맑은 얼음덩어리를 연상시키며 무색 이외에 보라색을 비롯하여 황색·갈색·홍색·녹색·청색·흑색 등 여러 가지 빛깔로 나타난다. 빛깔에 따라서 명칭이 세분되는데, 보라색은 자수정, 황색은 황수정이라 한다. 2월의 탄생석 수정은 브라질·우루과이·한국·미국·인도·스리랑카 등에서 산출된다. 《동의보감》에 의하면 수정은 5가지 색이 있는데, 그중에 백수정과 자수정만을 약으로 사용한다. 자수정의 약효는 백수정의 2배이다. 자수정의 성질은 따뜻하며, 맛은 달고 매우며, 독이 없다. 자수정은 심장의 기가 부족한 것을 보하고, 정신을 안정시키고, 자궁을 따뜻하게 해주며, 얼굴에 윤기가 나게 하는 효과가 있다고 알려져 있다. 자수정을 가열하면 탈색하여 무색으로 변하기도 하고, 변색하여 황색으로 되기도 한다.

• 효능

- 수정을 햇볕에 따뜻하게 데운 후 눈 위에 올려놓으면 수정이 갖고 있는 에너지가 나쁜 체액을 제거하여 시력 강화에 효과적이다.

- 햇볕에 따뜻하게 데워진 수정에 포도주를 부은 후 이 포도주를 수시로 마시거나, 수정을 통증 부위에 문질러주면 부종에 효과적이다.

- 그 외 심리적 장애나 불안 해소, 상처나 화상으로 인한 물집에도 효과적이다.

4) 칼세도니(Chalcedony)

칼세도니란 고대 터키의 항구 칼세든(현재는 터키의 캐디코이)에서 유래된 것이다. AD 3~4세기 그리스 항해자들은 물에 빠지는 것을 피하기 위해 칼세도니를 착용하였으며, 밤중에 환영을 본 사람은 질병에 걸리거나 그들의 눈에 악마가 보인다고 믿었는데, 칼세도니의 '알칼리성' 성분이 그것을 없애준다고 생각했다. 고대 그리스 성녀의 시기 전에는 노래를 부르는 사람이나 말을 잘하는 사람들에게 필수적인 보석으로 알려져 있으며, 유명한 웅변가 데모스테네스(Demosthenes)는 칼세도니를 입에 물고 연습을 하기도 하였다.

• 효능

- 칼세도니를 손에 쥐고 자신의 입김을 쏘인 후 혀로 핥으면 대화에 자신감을 갖고 거침없이 말을 잘할 수 있게 된다.
- 정기적으로 칼세도니를 혈관 부위에 닿게 착용을 하면 면역 체계의 강화, 허약성, 피로, 무기력, 전염병에 자주 걸리는 사람, 혈액의 정화, 화를 잘 내는 사람들에게 효과적이다.
- 어린아이의 경우 언어장애가 있는 사람은 칼세도니를 지니게 하거나 입김을 쏘인 후 혀로 핥게 하는 방법을 여러 번 반복하면 빠른 효과를 볼 수 있다.

5) 호박(Amber)

호박은 석기시대부터 장식품으로 사용되었으며 고대 그리스시대에서는 '태양의 빛을 발한다'는 뜻으로 'electron'이라는 이름으로 숭배되었다. 호박은 신생대 제4기에 호박산 나무의 수지가 떨어져 땅속에서 화석으로 변한 식물성 보석이다. 이 과정에서 여러 가지 작

은 동물이나 식물 조각들이 함께 들어가 화석화된 호박이 보석으로서 높은 가치를 지니고 있다. 동양에서는 예부터 칠보의 하나로 귀중하게 여긴 보석이며, 우리나라도 중국에서와 같이 고대의 장신구로써 애용하였다. 호박은 호흡기(천식), 갑상선에 염증을 감소시키고 면역력을 강화하는 효과가 있다. 또한, 장기간 목걸이나 팔찌로 착용을 하게 되면 감정을 조절하거나 정신을 안정시키는 효과가 있다. 태양과 빛을 상징하는 이미지로 생명력을 높이고 노화를 방지하고 자존심과 의지력을 향상시켜 주는 직극적인 긍정 마인드를 준다고 한다.

• 효능

- 호박을 한 시간 정도 맥주, 포도주, 우유에 담가 두었다가 꺼낸 후 마시면 위에 통증이 있는 사람에게 효과적이며, 반드시 식후에 복용하되 2주간 이를 반복하면 효과적이다.

- 호박을 24시간 담가 둔 우유(250ml)를 살짝 끓여서 식기 전에 마시면 방광장애, 방광염, 전립선장애, 소변장애에 효과적이다. 이 기간은 5일간 하여야 한다.

6) 벽옥(Jasper)

오랫동안 보석 및 장식품으로 사용되어 온 벽옥은 무염 광택을 갖지만 연마하면 불투명 광물로 다양한 색을 갖는데, 주로 적색이나 적갈색을 띤다. 고대로부터 관옥(管玉)이나 곡옥(曲玉)으로서 장신구로 사용되어 왔으며 로마인들은 호신용으로 착용하였다.

• 효능

- 코감기, 비염의 경우 벽옥에 입김을 쏘여 콧구멍에 넣고 막아주면 코 막힘의 증상이 나아진다.

- 백옥을 피부에 직접 닿도록 목걸이나 팔찌 등을 착용을 하게 되면 악몽이나 불면증에 효과적이다.

- 류머티즘, 풍, 좌골신경통, 두통과 사지 근육통에 둥글게 연마한 백옥을 통증이 있는 부위에 따뜻해질 때까지 올려놓으면 효과적이다. 여러 번 반복할수록 좋다.

7) 오닉스(Onyx)

오닉스는 줄무늬가 있는 마노로 줄마노라고도 한다. 이 줄무늬 부분은 미세섬유가 서릿발처럼 모여 있어서 섬유의 양이나 간격이 줄무늬마다 조금씩 차이가 있는데, 이것을 염색하면 농담의 색조로 아롱지게 된다. 아프리카 북부, 아르헨티나·멕시코·미국에서 산출되며, 급격한 열 변화에 잘 깨지는 성질이 있어 충격 등에 주의해야 한다. 고대 그리스인과 로마인들은 세월이 흐르면서 장식용, 혹은 인장의 소재로도 이용하였다. 오닉스는 공기의 따스한 힘을 지니고 있으며, 대기 오염에 의한 안과 질환, 날씨 변화에 따른 협심증, 봄과 가을에 아주 많이 생기는 위궤양 등에 효능이 있다.

• 효능

- 고열이 있을 경우 오닉스를 5일 동안 담가둔 식초를 모든 음식에 섞어 먹으면 효과적이다.
- 심장 통증을 앓는 사람이나 왼쪽 옆구리가 아픈 사람은 오닉스를 자기 손이나 몸의 피부에 대고 따뜻하게 하거나, 따뜻해진 오닉스를 데워진 포도주의 김에 쐬어준다. 이때 수분이 맺히면 이 수분이 포도주에 떨어져 섞일 때 오닉스를 포도주에 넣고 포도주를 마시면 가슴 통증이 있는 사람에게 효과적이다.
- 오닉스 수분과 혼합된 포도주에 달걀과 밀가루를 첨가하여 스프를 끓인 뒤 이를 자주 먹으면 위장이 깨끗해지고 위장 통증에 효과적이다.
- 오닉스 수분과 혼합된 포도주에 염소난 양고기를 제어 두었다가 익혀서 먹으면 비장 통증을 느끼는 사람에게 효과적이다.
- 금속성 컵에 포도주(약 150㎖)를 채운 다음 오닉스를 15일간 담가 두었다가 꺼낸다. 이 포도주를 한 방울씩 감은 눈 위에 바르면 약시, 시력장애, 안질, 근시 및 난시, 다래끼, 결막염 등에 효과적이다.

8) 마노(Agate)

원석의 모양이 말의 뇌수를 닮았다고 하여 '마노'라는 이름이 붙여졌다. 마노의 생산지는 전 세계에 분포되어 있으며, 수정류와 같은 석영 광물로서 그리스인들이 처음 발견한 후 로마인들의 손을 거치면서 수많은 장신구로 이용되었다. 비잔틴제국 시대에는 석영을 굽는 기술이 추가되어 착색이 가능해짐으로써 장식품으로의 가치를 더욱 높이게 되었다. 우리 나라는 삼국시대 이전부터 생산·가공되었으며, 단단하고 표면이 매끄러우며 빛깔이 아름다운 돌을 옥이라고 불러 마노도 옥으로 분류하기도 한다. 붉은색의 마노는 홍옥, 누런색의 마노는 황옥이라 부른다. 또 사람들은 마노를 칠보(七寶) 가운데 하나로 여겨 소중하게 생각하였으며, 이것을 몸에 지니고 있으면 재앙을 예방한다고 믿고 있었다. 마노의 지혜롭고 이해심이 많으며 의사소통의 능력을 향상시키고 집중력을 높여 대인관계에 많은 도움을 주는 에너지를 갖고 있는 보석이다.

• 효능
- 벌레에 물리거나 쏘였을 때 햇볕으로 따뜻하게 데워진 마노를 물린 부위에 올려놓으면 진정 효과가 빠르다.
- 목걸이나 팔찌를 하고 다니면 집중력 향상, 감성 풍부, 의사소통 원할에 효과적이다.
- 마노를 눈 위에 올려놓으면 피로한 눈에 효과적이다.
- 물에 마노를 담가 두었다가 4일째 건져내고 약한 불에 끓여서 모든 음식물 조리에 사용하면 신경 불안 또는 불안증, 간질증에 효과적이다. 이 방법은 10개월 동안 지속해야 효과를 얻을 수 있다.

9) 녹주석(Beryl)

녹주석은 바닷물과 같이 '청록색을 띤 귀한 돌'을 뜻하는 그리스어 beryllos에서 유래되었다. 녹주석 중 녹색을 띠는 것을 에메랄드라 하며, 청색을 띠는 것을 아쿠어머린이라고 한다. 5월의 탄생석 에메랄드의 맑은 취록색은 눈병과 시력에 좋다고 하여, 이를 바라보기 위해 장신구 중 반지로 사용하였다. 고대 로마에서도 시력이 약한 눈을 강하게 하고, 눈의 피로를 가시게 한다고 하여 자수정, 석류석과 함께 목걸이 장식에 사용되었다. 그 밖에 열병이나 이질의 약, 인도에서는 해독제, 우울증 약 등으로 사용되었다.

• 효능
- 피로한 눈이나 안질환이 있는 경우 녹주석을 눈 위에 올려놓으면 효과적이다.
- 멀미를 자주 하는 사람은 녹주석을 착용하면 멀미를 방지할 수 있다.
- 녹주석을 지니고 다니면 위장, 알레르기, 면역력 강화 등에 효과적이다.

10) 크리소프라스(Chrysoprase, 녹옥수)

그리스어로 '금결(金結, Goldhauch)'이라고도 하며 금과 같이 가치가 높았다. 알렉산더 대왕은 전투 중에 그의 허리에 항상 녹옥수를 지니고 다녔고, 프러시아의 프레데릭 대왕은 궁전에 있는 한 방의 집기를 모두 크리소프라스로 만들었다고 한다.

옥수(칼세도니)의 일종으로 소량 함유하는 니켈의 의해 녹색을 띤다. 이 보석은 온화한 온기를 통해 많은 에너지가 충전되며 미지근한 보석의 형태이다. 에너지를 얻을 때는 보름이 아닌 반달의 시기에 달을 통해 반사되는 햇빛이 아주 강할 때 에너지를 얻으면 좋다.

• 효능

- 간질을 앓는 사람은 크리소프라스를 항상 몸에 지니고 다니면 효과적이다.
- 밤에 관절염, 류머티즘 등 통증이 있는 부위에 크리소프라스를 고정시켜 두면 효과적이다.
- 성질이 급하거나 화를 잘 내는 사람이 크리소프라스를 항상 몸에 지니고 다니면 온화해진다.
- 부정적인 마음, 시기, 질투 등 정서적으로 불안정한 사람이 크리소프라스를 피부에 직접 닿도록 지니고 있으면 마음의 안정을 찾을 수 있다.

BEAUTYTHERAPY 8

스톤테라피

PART 8
스톤테라피

스톤테라피는 한방의 목, 화, 토, 금, 수 오행과 아유르베다의 지(흙), 수(물), 화(불), 풍(바람), 공(공간) 5원소인 5가지 에너지를 신체에 적용하여 육체적 정신적 에너지를 조절하는 요법으로서 뜨거운 성질과 차가운 성질을 나누어 다양한 돌을 사용하는데 에스테틱에 적용하여 체계화시켜 세계적인 스파 & 리조트에 전파되어 활용되고 있는 요법이다.

역사 및 정의

스톤테라피는 5,000년 전부터 현재까지 사용되고 있는 자연의 에너지를 이용한 방법으로 고대 민간요법에서는 아메리카 원주민들은 뜨겁게 데워진 돌로 여성의 복부에 있는 경혈을 찜질하여 생리통을 치료하거나 적당히 데워진 작은 돌을 발가락 사이에 끼워 몸의 원기를 회복하는데 이용하였고, 일본의 수도승들은 식사 후 복부를 따뜻하게 하기 위하여 허리띠에 검은 돌을 달구어 넣고 다니면서 자연의 에너지를 이용하였다고 보고되었다. 스톤의 본격적인 사용 유래는 1993년 미국 애리조나에서 Mary Nelson(메리 넬슨)에 의해 발견되었다. 스톤에서 발생하는 에너지인 음이온은 산성화되고 있는 혈액을 정화시켜 혈액을 약알칼리성으로 만든다. 또한, 활성산소의 과잉 발생과 세포의 산화를 억제시켜 신진대사를 활발하게 하고 세포의 기능을 활성화시킨다.

또한, 스웨디시 마사지, 경락, 아로마테라피, 차크라 등 피부미용 요법에서 다양한 접목으로 피부미용 효과를 극대화하는 방법이다. 스톤을 인체에 적용시키면 다량의 원적외선이 방출되어 근육의 상부 조직, 관절까지 전도함으로써 정체된 부위의 혈행 및 신진대사를 촉진하고 신경계가 자극되어 사람들의 스트레스를 해소하고 긴장을 완화시키는데 사용된다.

1. 스톤테라피

1) 온 스톤(Basolt Stone)

온 스톤은 화산암으로 염기성 사장석과 휘석, 감람석이 주성분을 이루고 있으며 다른 스톤들에 비해 표면 밀도가 높고 작은 기포들이 있어 열에너지를 오랫동안 가지고 있다. 철과 미네랄 규산염 등이 함유된 현무암으로 짙은 회색, 진회색, 검은색 스톤 등이 있다.

온 스톤은 림프, 혈액의 흐름을 원활히 유도함으로써 수축된 국소 부위의 신진대사를 촉진하여 근육의 회복 속도를 단축시키고 교원 조직의 신장성 증가로 근섬유 재생기간을 단축시켜 준다.

2) 냉 스톤(Mable Stone)

냉 스톤은 대리석 같은 유기성 스톤으로 높은 열과 강한 압력에 의한 석회암의 변질에 의해 생겨난 일종의 변성암이다. 다른 스톤에 비해 실온에서 최소한 11℃ 정도 더 차갑게 할 수 있으며 주로 피부 진정 및 부종 완화를 목적으로 사용하며 근 경련, 근 통증, 부기를 해소하여 염증과 통증 있는 부위에 진정작용을 한다.

현재 스톤테라피는 피부관리실, 데이스파, 리조트스파 등에서 피부 건강, 전신관리, 등관리, 복부관리 등 피부 및 체형관리 프로그램 등 다양하게 활용되고 있다.

2. 실제 현장에서의 스톤관리 활용 모습

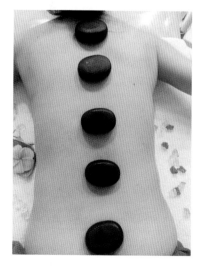
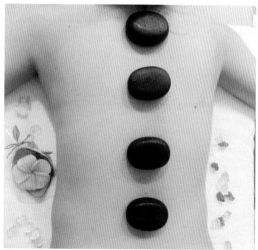

3. 스톤테라피 효과

1) 스트레스 및 긴장 완화

2) 혈액순환 촉진

3) 복부관리를 통한 신체 장기 기능 활성화

4) 냉·온열작용

5) 피부관리 및 노화 방지

6) 심리적 안정과 이완작용

7) 생리통 완화, 근육 통증 완화

8) 체형관리를 통한 체지방 감소

9) 노폐물 배출

10) 림프 순환 촉진에 의한 부종 완화 등이 있다.

4. 스톤테라피 연구

스톤테라피 연구들을 살펴보면 피부 상태 개선 효과, 부종 감소를 위한 비만이나 체형관리에 관한 효과 등 스톤테라피 효과들이 밝혀져 있다.

특히 온열 요법 중 인체 내 열 흡수력이 높고 부작용이 없는 스톤을 근 통증 부위에 적용 시 통증 완화 효과가 높았다고 하였다. 스톤은 통증이 가장 심하게 느껴지는 72시간 동안 체내에 시스템 변화를 일으켜 몸을 보호하고 항상성을 유지시켜 통증을 감소시키며 기존에 많은 에너지 소모를 요구했던 수기 테라피보다 근 통증 완화에 더 효율적이라고 할 수 있다. 또한, 스톤테라피를 통한 복부 마사지는 인체 조직세포의 온도를 국소적으로 상승시켜 미세혈관의 확장 및 피하 조직을 활성화시킴으로써 혈액순환과 림프액 순환을 촉진시키고, 신진대사를 원활하게 하여 생리 시 자궁 근육 경련으로 인해 나타나는 생리통과 월경곤란증에 효과적인 대체요법임이 확인되었다

오늘날 피부미용 & 스파 센터에서 얼굴 및 전신관리에 다양하게 활용되고 있다. 한방미용 및 아유르베다 관점에서 체질에 따른 스톤관리가 적용되고 있다

BEAUTYTHERAPY 9

음악테라피

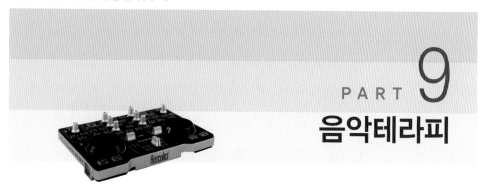

PART 9
음악테라피

1. 음악테라피란?

피부미용 산업에서의 음악 요법은 건강한 신체의 관리와 함께 정신적 건강관리가 동시에 진행될 수 있으며 음악을 통해 건강과 아름다움을 유지, 회복, 향상시켜 주며 신체적으로 자율신경계에 의해 조절되는 심장 박동수, 호흡률, 전기, 피부 반응, 뇌파, 근전도, 대뇌 반구의 움직임, 동공의 크기, 위장 반응, 피부 섬모 움직임 등과 같이 생리적인 반응을 포함하여 음악을 통해 개인이 충분히 기능할 수 있도록 돕는 방법으로 사용될 수 있다.

음악테라피는 음악(music)과 치유(therapy)가 합쳐진 합성어로 예술로서의 속성인 '음악'과 과학적 입장인 '치유'가 복합된 용어이다.

음악이 인간의 생리 심리에 미치는 기능적 효과를 이용하여 음악을 심신 건강을 위한 심리 요법으로 응용하는 것으로(미국음악요법협회, 1997) 치료 목적을 달성하고 정신적, 신체적 건강을 회복, 유지 및 증진시키기 위해 음악을 이용하는 것으로서, 정신적, 신체적 건강의 개선 회복 및 유지 등 치료적 목적을 위해 음악을 사용하는 것이다(국악음악치료협회, 2001).

음악 요법의 기본 원리는 동질의 원리로 대상자에게 음악을 들려 줄 때 대상자의 기분 변화와 유사한 장르의 음악을 들려주어 관심을 이끈 다음 치료적 음악으로 전환시켜 환자의 불안을 감소시키는 요법이다.

국내에서는 1960년대부터 정신과 의사들이 음악 감상 및 가창 활동을 이용하여 음악에 대한 환자들의 선호도를 알아보는 형식으로 음악을 활용한 예들이 등장하기 시작하였다. 음악 선호(Musicalpreference)란 어느 특정한 음악을 지지하는 정서적 반응을 말하며 Peery & peery, 1986), 또한, 개인의 경험이나 인지 능력 혹은 취향에 따라 변할 수 있는 기변적인 것이고 주관적인 것이다.

최근 한 연구에서는 대부분의 여성들은 테라피 음악을 알고 있으며 테라피 음악에 대해 들어본 경험이 있는 것으로 나타났다. 여성들이 테라피 음악을 경험한 장소에 대해 살펴본 결과 테라피 음악을 피부관리실에서 경험한 여성이 38.3%로 가장 많았으며, 다음으로 스파 19.9%, 병원 15.1%, TV 및 라디오 7.2%, 문화 행사장 6.3%, 미술 전시회 4.6%, 인터넷 배경 음악 4.4% 순으로 나타났다. 따라서 여성들은 테라피 음악을 피부관리에서 가장 많이 경험하였다는 연구 결과를 밝혔다.

우리 뷰티 분야에서 음악테라피를 피부관리 프로그램에 보다 적극적으로 적용하여 피부관리 효과를 극대화할 수 있기를 기대한다.

2. 선호 음악테라피의 효과

음악이 인간의 심신에 미치는 작용에 대한 대뇌 생리학 연구에서 음악적 자극에 따라 맥박이 촉진되거나 감소되며, 심장이나 위 등의 순환기나 소화기계통에 강하게 영향을 주고, 음악은 특히 신경계통과 호흡기계와 관련이 깊으며 분노와 증오의 감정을 생리적으로 진정시키는 효능이 있어 스트레스를 해소하는 작용이 있다.

1) 생리적 효과

음악 요법의 효과로는 생리적, 심리적 효과를 들 수 있는데, 먼저 음악의 생리적 효과에서 평온한 음악은 카테콜라민치를 저하시키고, 심박동 수, 혈압, 혈중 지방산을 저하시켜 편두통, 고혈압, 관상동맥성 질환 등의 위험을 줄일 수 있다고 하였고(Cook, 1986), 또한 자율신경계의 기능 조절에 영향을 준다고 하였다(JoannaBriggsInstitute, 2009).

파렌드(McFarland, 1984)는 각성적이고 부정적인 음악을 들었을 때 피부 온도가 감소하고, 조용하고 긍정적이 음악을 들었을 때 피부 온도가 상승한다고 주장하였다.

2) 심리적 효과

음악의 심리적 효과에서는 음악이 주의 집중력을 더 오래 지속시키고, 하나의 감정을 다른 감정으로 대치하게 하며, 내적인 긴장과 갈등을 해소시켜 준다고 하였다(Herman, 1954).

이와 같이 음악 요법은 환자의 생리학적, 심리학적 정서적 건강을 유지 증진하는데 이용되고(Joanna Briggs Institute, 2009), 특히 수술을 위해 전신 마취나 부분 마취를 하게 되는 모든 대상자에게 음악이 유용하게 사용될 수 있다(전시자 등, 2000).

그러나 음악 효과의 정도는 음악 자체와 관련된 많은 변수가 대상자의 개인적 특성에 좌우될 수 있고(Cook, 1986), 그 대상자에게 의미가 있을 때 가장 좋은 정서적 반응을 이끌어 낼 수 있다. 따라서 음악 요법이 최고의 효과를 얻기 위해서는 무엇보다도 음악의 선택에 있어 개인의 특별한 음악적 기호가 고려되어야 한다(Cunningham외, 1997). 또한, Miller, Bonny(1987)는 개인이 선호하는 음악이 강한 반응을 일으킬 수 있는 반면에 강요된 음악 선택은 듣는 사람을 고통스럽게 할 수 있으므로 청취자가 음악 요법을 위해 음악을 다양하게 선택할 수 있도록 하는 것이 중요하다고 하였다.

3) 정신적 효과

• 스트레스 (타액 코티졸)

스트레스란 위협을 주는 상황에서 경험되는 압력, 좌절, 갈등 및 불안에 대한 신체적 반응이다. 스트레스는 크게 두 가지로 나누어지는데, 부정적인 정서, 즉 스트레스와 긍정적인 정서이다. 즐겁고 이완적이라고 지각된 음악 자극은 생리적 심리적 이완 반응을 향상시킬 수 있다고 하였다.

코티졸은 뇌하수체-부신피질 축의 작용에 의해 신체적, 정신적 스트레스에 변화된 생리적 상태를 반영하는 주요 지표이다. 외부 스트레스 자극이 있거나 인체 내외의 환경이 바뀌면 인체는 적응 반응을 보이는데, 그중에 Hypothalamicpituitary adrenal-axis(HAP-axis) 시스템이 중요한 역할을 한다. HPA axis를 통한 최종 산물로 부신 피질에서 코티졸과 Dehydroepiandrosterone(DHEA) 호르몬이 분비된다.

코티졸은 부신피질의 Zona fasciculate에서 분비되고, 생리적인 면에서 에너지 대사, 면역 기능, 순환계, 인지 및 행동 등에 관련되고(Johnson K, CindyR, 2006), 병리적인 면에서 자가 면역 질환 아토피 대사 질환 우울증 등에 관련된다.

4) 면역 효과

밀러(D.Miller)는 12명의 암 환자를 대상으로 음악 치료를 시행했을 때 일어나는 면역 체제 시스템에 연관한 S-IgA, 54)코티졸의 증감 설문조사를 통해 나타난 사실을 대상으로 연구했다. 통계적인 면에서 음악 치료 세션의 결과로 대상자의 기분이 긍정적이고 만족스러운 상태에 도달한 것은 중요한 변화로 언급되었다. 이는 음악이 시상하부에 관련되어 림빅 시스템(변연계) 전면과 면역 생물의 고리를 만들게 되며 음악이 엔돌핀의 생성에 도움을 가져온다.

인간의 대뇌에 있는 '고통과 기쁨의 분배자'라는 별명의 림빅 시스템은 사람의 감정과 동기 유발을 주관한다. 활발한 음악 자극이나 미술과 같은 시각 자극은 정서를 관장하는 림빅 시스템을 직접 자극하여 도파민 생성과 같은 뇌의 화학작용을 활성화시킨다. 긍정적인 호르몬 변화와 면역 체계를 강화시키는 역할도 한다. 예술이 호르몬과 신경 기능에 긍정적인 영향을 미침으로써 신체 스스로의 면역 시스템을 강화시키고, 결과적으로 암 환자들의 치료에 긍정적인 효과를 가져오게 되는 것이다.

5) 뇌파 반응 효과

뇌가 활동하고 있을 때 나오는 α파는 심신이 이완되어 편안함을 느낄 때 가장 많이 나오는 약 8~13Hz 사이의 뇌파이다. 일반적으로 α파는 저주파와 고주파의 기능적 속성에 따라 3가지로 나뉘는데 slow α파(7~8Hz)는 휴식기와 잠들기 전 mid α파(9~11Hz)는 명상을 하거나 정신 상태가 맑을 때 fast α파(12~13Hz)는 β파와 가까워지면서 근육이 긴장되거나 열심히 주의를 모을 때 발생된다. 음악과 α물결의 관계는 음악을 듣는 것에 의해 기분이 좋아지거나 편안한 상태가 될 때 심신은 치유된 상태가 되는 것이다.

3. 사운드테라피

1) 사운드테라피의 역사

소리는 인류의 시작과 함께 시작되었다. 사운드는 티벳과 인도에서는 아주 오래전부터 치료 차원으로 사용하였고 이집트 파피루스에서 불임증, 류머티즘 통증에 사운드를 적용한 기록이 있다.

소리와 치유의 관계가 공식화되고 기록되기 시작한 것은 19세기 말부터이다. 1896년 미국의 한 치료사는 '어떤 음악은 생각하는 능력과 피의 흐름을 윤활하게 향상시키는 효과가 있다.'라는 사실을 발견하였다. 제2차 세계대전 이후 소리에 대한 요법이 명확하게 밝혀지기 시작하였는데, 1940년대 중반에는 소리를 통한 치료 요법이 군인들의 사회 복귀를 위한 치료의 한 부분으로 사용되었다.

1950년대와 1960년대에는 소리 파동 치료가 유럽에서 발전되기 시작하였다.

이 시기에 영국의 접골사(뼈 치료사) 피터 매너스는 환자 치료를 목적으로 하는 치료용 진동 기계를 개발하였는데, 이 진동 기계의 원리는 건강한 몸의 울림에 맞출 수 있도록 하는 것이었다. 매너스의 옹호자들은 이 치료법이 몸의 세포를 건강한 것에 맞추어 몸의 세포를 자극하고 공명하게 하여 건강하지 않은 몸의 건강을 회복시킨다고 믿는다. 그리고 이후 1990년대까지 매너스는 자신의 진동 기계를 컴퓨터화한 시스템을 개발하기 위하여 노력해 왔다.

한편, 매너스가 파동 현상을 이용한 사운드테라피를 발전시켜온 것 외에, 프랑스의 이비인후과 의사 2명은 '청각'을 활용한 치료 요법을 발전시켰다.

이 요법들은 프랑스 이비인후과 의사 알프레드 토마티스에 의해 개발된 '토마티스 요법'과 의사 가이 버라드의 '청각 통합 트레이닝'인데, 이 두 가지 치료 요법들은 모두 헤드폰을 통하여 환자가 소리를 들음으로써 치료 효과를 거두고자 하는 것이다.

또한, 동양의학 분야에서도 1960년대부터 한의학이나 뉴에이지 치료 요법에 대한 관심이 높아졌으며, 이들 분야에서 사운드테라피를 결합하고자 하는 다양한 노력을 이끌어왔다. 현대에는 사운드가 인체 세포에 미치는 영향을 다각도로 연구하고 있다.

2) 사운드테라피의 정의

소리나 진동은 우리 인간에게 좋은 음악의 청취나 대화를 가능하게 하면서 감성적인 부분에 영향을 미침과 동시에 신체적으로도 많은 영향을 주고 있다. 이에 기초하여 음과 진동을 통하여 인체의 긍정적 생리적 변화를 유도하는 요법을 사운드테라피라고 한다. 인간의 몸에서 공명하는 횟수나 형태가 균형적인 것이 아닐 때, 인간의 물리적, 신체적, 감정적 건강에 영향을 미치게 된다. 따라서 파동으로 몸 건강의 균형을 회복시킴으로써 치료의 효과를 거두고자 하는 것이 사운드테라피인 것이다.

인간의 신체는 약 70%가 수분이다. 뼈나 물은 공기보다도 훨씬 진동을 잘 전한다.

피부를 통해서 전달되는 진동은 로파스 필터에 의해 150Hz 이하의 신호만을 취하여 체감 음향 진동으로 변환시키므로, 자극이 강한 음악이나 높은 주파수 성분의 음은 차단시켜 저음 부분이 주가 되고 진동은 미약하게 되어 자극은 약해진다. 이 때문에 체감 음향 장치는 각성 상태에서 가장 정신을 안정할 수 있는 1/F 진동이 된다.

• Music Therapy와 Sound Therapy의 비교

구분	MusicTherapy(음악 요법)	Sound Therapy(소리 요법)
요소	• 음의 강약, 장단, 고저, 음색, 화음 등 음의 일정한 법칙에 따라 조합한다.	• 소리 진동의 강약, 장단, 주파수, 파형, 무게감이 일정한 법칙에 따라 조합한다.
감지	• 인간의 청각에 반응하는 기법이다. • 청각 장애인 적용 불가능하다.	• 청각뿐만 아니라 피부 감각(촉각)에 반응하는 기법이다. • 청각 장애인도 적용 가능하다.
특징	• 악음(SignalWave)은 기본파 성분이 적고 배음 성분이 많은 것을 이용한다. • 음역 : 27Hz-4186Hz	• 기본파 성분이 많은 것을 이용한다. • 음역 : 16Hz-150Hz
한계	• 개인의 기호에 따라 다른 음악적 느낌을 체감 음향 진동으로 보완한다.	• 개인의 기호에 따라 음악적 느낌이 다르므로 Therapy 효과도 일관되기 힘들다. • 양수 속 태아의 본능으로 이완 효과를 일반화시킨다.

3) 사운드테라피 효과

(1) 스트레스 해소

부신피질 호르몬(코티졸) 및 부신피질 자극 호르몬의 분비 레벨이 현저하게 감소하여 스트레스에 대한 반응을 격감시키므로 인체의 밸런스를 되찾아준다.

즉, 사운드테라피의 치료는 병을 치료하기 위하여 에너지의 균형을 맞추는 것에 중점을 둔다. 사운드테라피의 옹호자들은 소리 치료가 스트레스나 걱정, 고혈압, 우울증 그리고 자폐증 같은 병 치료에 효과가 있다고 지지한다. 예를 들어 '울리는 소리'와 같은 특정한 특성을 지닌 소리는 알츠하이머병(노인성 치매) 환자에게 효과가 있으며, 이 환자들의 치료법으로 사용되기도 하며, 기억하는 능력을 회복시키는데 도와준다.

(2) 릴렉세이션

청각 및 피부 감각을 통해 전달된 뇌의 알파파를 짧은 시간 안에 유도하여 심신의 피로 회복, 긴장감 완화, 화·분노의 감소, 수면 유도, 심리적 스트레스 완화 등의 릴렉세이션 효과를 발휘한다. 작업 중의 고통이나 관절염 같은 근육과 관절의 고통, 운동으로 인한 상처, 부드러운 세포 조직 상처, 그리고 암 같은 신체적인 병들이 음향 요법에 의해 치료될 수 있다고 한다.

현재 사운드테라피는 여러 신체적 질환, 정서·심리적 장애 등의 다양한 방면에 효과가 있는 것으로 알려져 있으며, 이러한 분야에서 광범위하게 활용되고 있다. 사운드테라피는 소리의 진동만이 아니라 음악적 요소를 가지고 있으며, 이 음악적 요소가 사람들의 정서와 신체에 영향을 끼침으로써 사운드테라피의 치료적 효과를 증가시킨다고 할 수 있다.

인터루킨(interleukin)은 면역 반응의 매개 물질 중 림프구가 생산하는 lymphokine과 archrophage가 생산하는 Monokine을 총괄한 백혈구 등의 면역 기관에 주로 존재하는 것으로 인터루켄-I의 증가는 면역 기능의 증가를 간접적으로 보여주며 Cortisol은 부신피질 호르몬의 일종의 스트레스 유발 호르몬으로 스트레스 상황의 정도에 거의 비례하여 분비가 증가하며 그 수치가 올라간다.

Salivary ImmunoglobulinA는 회복을 빠르게 하며 세균 감염의 위험을 줄이고 심장박동 상태를 조절하는 호르몬으로서 심신에 작용한다.

참고문헌

바산트레드, 신비의 건강법아유르베다, 관음사, 2007
김충문, 아유르베다&한의학, 강의 자료, 2001
데이비드프롤리, 정미숙 옮김, 아유르베다와 마음,. 슈리크리슈나드아쉬람, 2003
권소영, 김성은, 김은정, 김준홍, 유강목, 살바토레의 아로마테라피 완벽가이드, 현문사. 2008
바그완다쉬, 인도의 동의보감 아유르베다, 서울: 꿈꾸는 돌, 2004
박소현. 스파 리조트의 스파 공간에서 프로그램에 따른 실내 마감에 관한 연구, 건국대학교 산업대학원 석사학위
논문
홍란희, 김봉인, 이성내 외, 아로마테라피 마사지, 광문각, 2004
오영숙, 정주미, 스파테라피, 광문각, 2012
이광례, 스파 리조트의 실내 공간계획에 관한 연구, 건국대학교 석사학위논문
크리슈나 우파디야야 카린제, 아유르베다 건강법, 새터, 1995
이인희, 김주연. 피부미용사의 아로마 사용 및 피부증상 실태조사, 한국미용학회지, 2010
정숙희, Sandalwood Essential Oil의 항염효과 및 인간 피부 세포주에서의 안전성, 남부대학교 박사학위논문,
2011
정숙희, 아유르베디에 의한 트리도샤가 여성의 체지방에 미치는 영향, 조선대학교 석사학위논문, 2006
Dr. Light. Miller , Dr. Brvan. Miller, Aurveda & Aromatherapy, Motilal Banarsidass publishers, 1998
Ruth White, Chakras ,Thomson Press(India)
준이찌 노무라, 색의 비밀, 보고사, 1990
스에나가 타미오, 색채심리, 예경, 2001
에바헬러, 색의유혹, 에담, 2002
이홍균, 정명희, 메디컬아로마, 임송, 2005
Jane Buckle, 임상아로마요법, 정문각, 2005
Salvatore Battaglia 저, 권소영 외 공역, 살바토레의 아로마테라피 완벽가이드,. 현문사,2008
박성기 외, 경락원론, 정문각, 2001
김희중, 사상체질침, 김출판사, 1995
사공 정규, 김양희. 교과서 아로마테라피. 현문사. 2006.
용희정, 사운드테라피의 스트레스완화 효과에 관한 연구, 건국대학교 석사학위논문, 2007
최나홍, 사운드테라피에서 소리파형이 뇌파변화에 미치는 영향, 건국대학교 산업대학원, 2007
윤재선, 주명원, 진동 음향 뮤직테라피가 여대생들의 뇌기능 변화 및 스트레스 완화에 미치는 효과, 2008
양예미, 스톤테라피가 승모근 근막통증후군의 통증과 스트레스 완화에 미치는 효과, 중앙대학교 석사학위논문,
2008
장선일 외, 뷰티테라피, 군자출판사, 2008
김은주 외, 응용뷰티테라피, 훈민사, 2011
전현정, 김명주, 대체의학, 정담미디어, 2009
Leung A, Foster S. Encyclopedia of common natural ingredients used in food, drugs and cosmetics. 2nd
edn, John Wiley and Sons Inc, USA, 1996.
Lavabre M. Aromatherapy work book. Healing Art press. USA, 1997.
Lassak E, McCarthy T. Australian medicinal plants. Methuen Australia Australia, Australia, 1983.
Collin P, Price L. Niaouli. The Aromatherapist, 1997; 4(2): 15-19.
Grieve M. A modern herbal. Penguin, Great Britain, 1931.
Wesiss EA. Essential oil crops. CAB International. UK, 1997.
Le Strange R. A history of herbal plants. Angus and Robertson, Great Britain, 1977.
Steinmetz MD et al,, Actions of essential oils of rosemary and certain of its components on the cerebral
cortex of the rats in vitro. J. Toxicology Clin Exp, 1987, 7(4): 259-271. Cited in the Aromatherapy Database,

Bob Harris, Essential Oil Resource Consultants, UK, 2000.

Taddei I et al. Spasmolytic activity of peppermint, sage and rosemary essences and their major constituents. Fitoterapia, 1988, 59(6):463-468.

Al-Hader AA et al. Hyperglycaemic and insulin release inhibitory effects of Rosmarinus officinalis. J. Ethno-pharmacology, 1994, 43: 217-221. Cited in the Aromatherapy Database, Bob Harris, Essential Oil Resource Consultants, UK. 2000.

Arctander S. Perfume and flavour materials of natural origin. Allured Publishing, USA, 1994.

Gauthire R et al. The activity of extracts of Myrtus communis against Pediculus humanis capitis. Planta Med Phytother., 1989; 23(2): 95-108. Cited in the Aromatherapy Database, Bob Harris, Essential Oil Resource Consultants, UK, 2000.

The Jerusalem bible. Darton, Longman and Todd Ltd, Great Britain, 1994.

Stoddart M. The scented ape. Cambridge University Press, UK, 1990.

Tisserand R. The art of aromatherapy. The C.W. Daniel Company Limited, Great Britain, 1977.

Davis P. Aromatherapy: An A-Z. 2nd edn. The C.W. Daniel Company Limited, Great Britain, 1999.

Mailhebiau P. Portraits in oils. The C.W. Daniel Company Limited, Great Britain, 1995.

Lawrence B. Essential oils: From agriculture to chemistry. The World of Aromatherapy III Conference Pro-ceedings, NAHA, 2000:8-26.

Chokechaijaroenporn O. et al. Mosquito repellent activities of ocimum volatile oils. Phytomed, 1994;1:135-139. Cited in the Aromatherapy Database, Bob Harris, Essential Oil Resource Consultants, UK, 2000.

Ndounga M, Ouamba J. Antibacterial and antifungal activities of essential oils of Ocimum gratissimum and O. basilicum from Congo. Fitoterapia 1997; 68(2):190-191. Cited in the Aromatherapy Database, Bob Harris, Essential Oil Resource Consultants, UK, 2000.

Ramadan A et al. Some pharmacodynamic effects and antimicrobial activity of essential oils ofcertain plants used in Egyptian folk medicine. Vet Med J Giza, 42(1): 263-270. Cited in the Aromatherapy Database, Bob Harris, Essential Oil Resource Consultants, UK, 2000.

Jain SR, Kar A. The antibacterial activity of some essential oils and their combinations. Planta Medica, 20(2): 118-123. Cited in the Aromatherapy Database, Bob Harris, Essential Oil Resource Consultants, UK, 2000.

Ryman D. Aromatherapy. Piatkus Ltd, Great Britain, 1991.

Okugawa H et al. effect of a-santalol and b-santalodeom sandalwood on the central nervous ssystem of mice. Phytomed, 1995; 2(2): 119-126. Cited in the Aromatherapy Database, Bob Harris, Essential Oil Res-source Consultants, UK, 2000.

Dwivedi C et al. Chemopreventive effects of sandalwood oil on skin papillomas in mice. European Journal Cancer Prevention. 6(4): 399-401. cited in the Aromatherapy Database, Bob Harris, Essential Oil Resource Consultants, UK, 2000.

Essway GS et al. The hypoglycaemic effect of volatile oil of some Egyptian oils. Vet Med J Giza, 1995; 43(2) 167-172. Cited in the Aromatherapy Database, Bob Harris, Essential Oil Resource Consultants, UK, 2000.

Shapiro S et al. The antimicrobial activitiy of essential oils and essential oil components towards aral bacteria. Oral Microbiol Immunol, 1994; 9(4): 202-208. Cited in the Aromatherapy Database, Bob Harris, Essential Oil Resource Consultants, UK, 2000.

Montes MA. Antibacterial activity of essential oils from aromatic plants growing in Chile. Fitoterapia, 1998; 69(2): 170-172. Cited in the Aromatherapy Database, Bob Harris, Essential Oil Resource Consultants, UK, 2000.

Manniche L. An ancient Egyptian herbal. British Museum Press, Great Britain, 1993.

Bruneton J. Trease and Evans Pharmacognosy. 15th edn, WB Saunders, 2002.

Ansari MA, Razdan RK. Relative Efficacy of various Oils in Repelling Mosquitoes. Indian J. Malariol, 32(3): 104-111. cited in the Aromatherapy Database, Bob Harris, Essential Oil Resource Consultants, UK, 2000.

Mehta S, Stonme DN, Whitehead HF. Use of essential oils to promote induction of anaesthesia in children.

Anaesthesia, 1998; 53(7): 771. Cited in the Aromatherapy Database, by Bob Harris, Essential Oil Resource Consultants, UK, 2000.

Classens C et al. Aroma: The cultural history of smell. Routledge England, 1994.

Ontengco DC et al. Screening for the antibacterial activity of essential oils form some Philippine plants. Acta Manilana, 1995; 43: 19-23. Cited in the Aromatherapy Database, by Bob Harris, Essential Oil Resource Consultants, UK, 2000.

Betts T. Practical experience of using aromatherapy in people with epilepsy. Aroma π 95 Conference, July 1995, Guilford, UK.

Wabner D. Rose oil: Its use in therapy and cosmetics. The International Journal of Aromatherapy Winter 1988/ Spring 1989; 1(4): 28.

Umezu T. Anticonflict effect of plant-derived essential oils. Pharmacol Biochem Behav, 1999; 64(1): 35-40. Cited in the Aromatherapy Database, Bob Harris, Essential Oil Resultants, UK, 2000.

Shrivastav P et al. Suppression of puerperal lactation using jasmine flowers. Aust. NZ J. Obstet Gynaecol,(1988), No. 28, pp.68-71. Cited in the Aromatherapy Database, Bod Harris, Essential Oil Resource Consultants, UK, 2000.

Bruneton J. Pharmacognosy. 2nd edn, Lavoisier Publishing Inc, France, 1999.

Rangelov A. An experimental characterisation of cholagogic and choleretic activity a group of essential oils. Folia medica, 1989; 31(1): 46-53. Cited in the Aromatherapy Database, Bob Harris, Essential Oil Resource Consultants, UK, 2000.

Melegari M et al. Chemical characteristics and pharmacological Properties of the essential oils of Anthemis nobilis. Fitoterapia, 1989; 59(6): 449-455. Cited in the Aromatherapy Database, Bob Harris, Essential Oil Resource Consultants, UK, 2000.

Balacs T. Research reports. The Inthernational Journal of Aromatherapy, 1998;(8)4: 41-43.

weiss EA. Essential oil crops. CAB International, UK, 1997.

Hammer KA et al. In vitro activity of essential oils, in particular Melaleuca alternifolia oil and tea tree oil products against Candida spp. Journal of antimicrobial Chemotherapy. 1998; 42(5) 591-595. Cited in australian Tea Tree by C. Dean, The 2nd Australasian Aromatherapy Conference Proceedings, Australia, 1998.

Carson CF et al. In vitro activity of the essential oil of Melaleuca alternifolia against Streptococcus spp. Journal of Antimicrobial Chemotherapy. 1996; 37(6): 1177-1181. Cited in Australasian Aromatherapy Conference Proceedings, Australia, 1998.

Bassatt I et al. A comparative study of tea oil vs benzoylperoxide in the treatment of acne. Medical Journal of Australia, 1990; 153(8): 455-458.

Misra N, Batra S, Mishra D. Antifungal efficacy of essential oil of Cymbopogon martini against Aspergilli. Int J. Crude Drug Res, 1988; 26(2): 73-76. Cited in Aromatherapy Database, Bob Harris, Essential Oil Resource Consultants, UK, 2000.

Srivastava S. Naik SN, Maheshwari RC. In vitro sudies on antifungal activities of palmarosa and eucalyptus oils. Indian Perfum, 1993; 37(3): 277-279. Cited in the Aromatherapy Database, Bob Harris, Essential Oil Resource Consultants, UK, 2000.

Pattnaik S. Subramanyam VR, Kole CR, Sahoo S. Antibacterial activity of essential oils from cymbopogon: Inter-and intra-specific differences. Microbios, 1995; 84: 239-245. Cited in the Aromatherapy Database, Bob Harris, Essential Oil Resource Consultants, UK, 2000.

Trabace L et al. Choleretic activity of some typical components of essential oils. Planta Med, 1992; 58: Suppl 1:a 650-51. Cited in the Aromatherapy Database, Bob Harris, Essential Oil Resource Consultants, UK, 2000.

Leicester R et al. Peppermint oil to reduce colonic spasm during endoscopy. The Lancet, Oct 30 1983: 989.

Mills S, Bone K. Principles and practice of phytotherapy. Churchill Livingstone, UK, 2000.

Gallacher M et al. A sweet smell of success. Nursing Times, July 5, 1989; 85(27): 48.

■ 저자 소개

정숙희 / 남부대학교 향장미용학과 교수

하문선 / 두원공과대학교 뷰티아트과 교수

박주아 / 동부산대학교 뷰티미용과 교수

현경화 / 서정대학교 뷰티아트과 교수

특수 에스테틱 교육을 위한

뷰티테라피

| 2016년 | 2월 | 22일 | 1판 | 1쇄 | 인 쇄 |
| 2016년 | 2월 | 26일 | 1판 | 1쇄 | 발 행 |

지 은 이 : 정숙희 · 하문선 · 박주아 · 현경화

펴 낸 이 : 박정태

펴 낸 곳 : **광 문 각**

10881
경기도 파주시 파주출판문화도시 광인사길 161
광문각 B/D 4층
등   록 : 1991. 5. 31 제12 - 484호
전   화(代) : 031-955-8787
팩   스 : 031-955-3730
E - mail : kwangmk7@hanmail.net
홈페이지 : www.kwangmoonkag.co.kr

ISBN : 978-89-7093-788-5   93590

값 : 27,000원

 한국과학기술출판협회회원